给小猪提供吊链和 / 或可滚动的玩具可满足其嬉逗爱好，减少咬斗行为 [海南保亭]。

为各阶段猪群每日定时播放轻松音乐（如民乐），实践证明可提高母猪繁殖力和减少生长猪咬斗行为，同时也为猪场员工增添了工作乐趣 [湖北京山]。

（左）

产床内弯式支杆（右）同外弯式支杆（左）相比，可以增加母猪躺卧空间，减少背部及乳房／乳头受压机会，同时也便于仔猪吮乳。

（右）

（左）

与传统大栋饲养（左）相比，分离的单元式产房／保育舍（右；相隔 50 m 以上），可实现彻底的全进全出制度，有利于生猪健康 [湖北荆州]。

（右）

（左）

与传统地坪饲养栏（左：易脏易潮且难通风）相比，节水型架高板条式生长肥育猪栏（右）可满足干燥、通风、卫生的重要环境福利需求，同时可节水（70%以上）省工（免扫粪）[湖北荆州]。

（右）

给生长肥育猪一个“饭碗”(图左、右)，比直接在地坪面采食（图右上），不仅卫生，减少疾病发生，还可减少饲料浪费（3%以上）[湖北荆州、京山]。

（右上）

（左）

（右）

越来越多的保育舍应用独立的饮水系统，可以针对性添加保健品如电解质与水溶性多维等，也易于进行饮水消毒，有利于缓解小猪应激反应 [山东莒南]。

仔猪恒温饮水系统应用于保育舍 [广西灵川]。

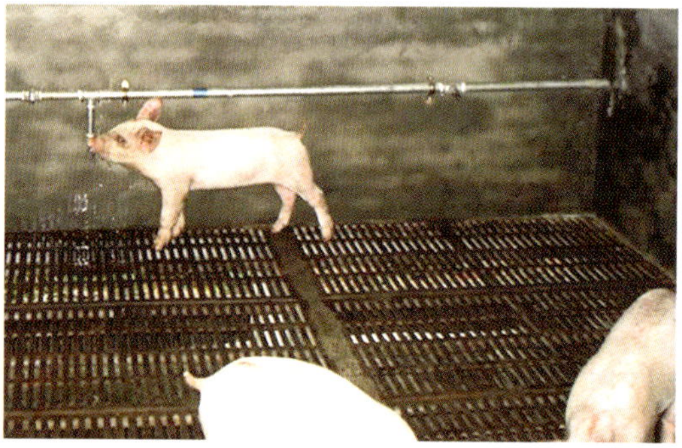

给刚断奶仔猪（包括刚转栏小猪）装置高低饮水器，并将低饮水器设计为可调动式，可解决饮水器因过高或过低而导致的饮水不便与不足 [海南保亭]。

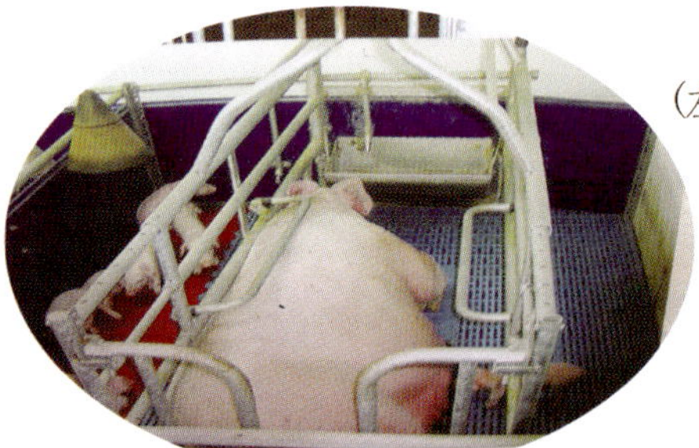

(左)

(右)

将饮水器直立置于食槽内的水料同槽设备（右图，湖北随州；左图，国外），可使产仔母猪行槽内自然饮水方式。消除了因饮水器置于槽外而导致的溅水潮湿现象和流量不足时的饮水量欠缺等弊端。

水暖控温专利技术（煤／沼气供能）应用于单元产仔房，不仅节约能耗，同时也消除了因使用电能取暖而带来的漏电等危险。生产中仔猪更喜欢俯卧在温暖干燥的保温板上[湖北随州]。

外清粪工艺的单元双列式保育舍设计可使小猪免遭氨气等有害气体的危害（尤其冬春季），同时房舍跨度仅需5.2~5.4米，节省材料且易于操作[湖北荆州]。

（左）

（右）

将普遍使用的孕猪限位栏增宽（至65cm）架高（22~25cm）并设计后端漏缝（图右），使母猪远离了常见易脏潮的“水牢”待遇（图左），前者可保持干燥卫生，通风良好，利于孕猪健康[湖北荆州]。

其实，母猪与仔猪天生喜欢在干净稻草上（或其他柔性干垫草）生活。传统地坪产仔间（图左）如果铺上厚厚（不低于20cm）的稻草（图右），母、仔猪将马上脱离脏、潮地面，表现出异常兴奋欢乐，这种简单易行的福利措施会让母、仔猪感到舒适 [武汉蔡甸区]。

（左）

（右）

在亚热带或高热季节，为生长肥育中后期猪设置专门的小泳池，实践证明有利于降温防暑，也调节了其嬉水玩乐的心情 [海南保亭]。

青饲料对于母猪来说尤其珍贵，不仅可提供天然的多种维生素，更重要的是可提供优质的膳食纤维素（中性纤维素），利于母猪肠道健康（如防便秘等）和妊娠前中期的饱腹感 [湖北荆州]。

在亚热带或南方地区，给猪舍屋顶（尤其种猪舍）披上“绿装”（鸡蛋果藤等攀沿植物），十分有利于降低太阳辐射热的负面影响，起到隔热降室温的效果 [海南保亭]。

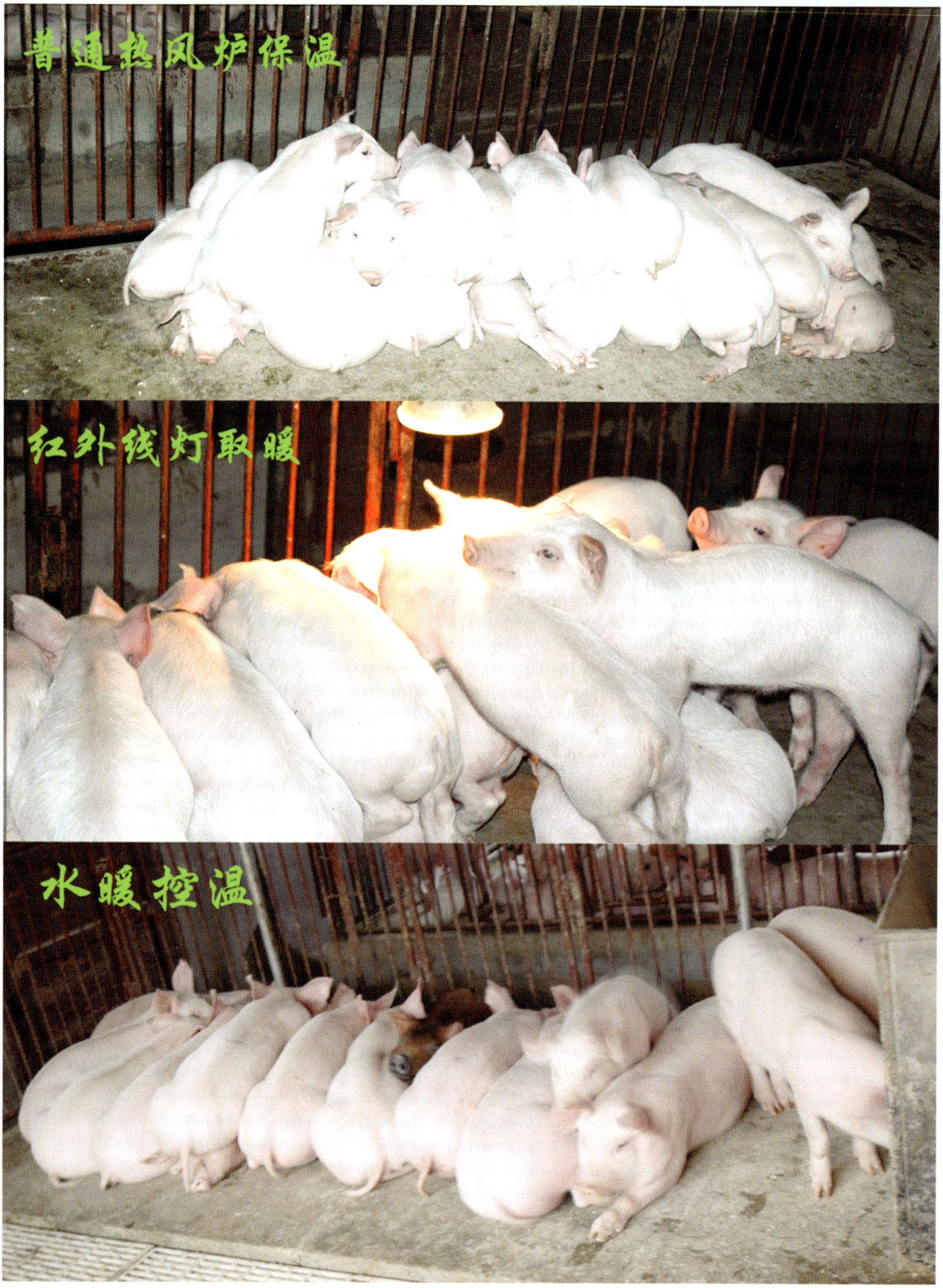

在寒冷季节，仔猪挤堆卧姿可直观表达其实施保温措施后的温度仍显不够（尤其是地坪温度不够；上中图），水暖地坪式控温专利技术的应用（下图）在同一猪场同一时段表现出温度适宜的明显优势[湖北黄石]。

中国福利养猪

万熙卿　芦惟本　著

中国农业大学出版社

图书在版编目(CIP)数据

中国福利养猪/万熙卿,芦惟本著.—北京:中国农业大学出版社,2007.1

ISBN 978-7-81117-141-9

Ⅰ.中…　Ⅱ.①万…②芦…　Ⅲ.养猪学　Ⅳ.S828

中国版本图书馆CIP数据核字(2007)第158274号

书　　名	中国福利养猪		
作　　者	万熙卿　芦惟本　著		
策划编辑	周　伟	**责任编辑**	周　伟
封面设计	郑　川	**责任校对**	王晓凤　陈　莹
出版发行	中国农业大学出版社		
社　　址	北京市海淀区圆明园西路2号	**邮政编码**	100193
电　　话	发行部 010-62731190,2620	读者服务部	010-62732336
	编辑部 010-62732617,2618	出　版　部	010-62733440
网　　址	http://www.cau.edu.cn/caup	**E-mail**	cbsszs@cau.edu.cn
经　　销	新华书店		
印　　刷	涿州市星河印刷有限公司		
版　　次	2007年1月第1版　　2009年4月第3次印刷		
规　　格	787×980　16开本　17.5印张　184千字		
印　　数	5 501～8 500		
定　　价	40.00元		

谨以此书献给一切致力于为改善生猪等农场动物福利而默默探索奉献的同仁与志士！

序

本书作者万熙卿先生、芦惟本先生曾在我主编的《养猪》杂志上发表过多篇文章，其中包括近年有关福利养猪技术革新方面的论文，颇具指导意义。现《中国福利养猪》专著即将面世，我得以先睹为快，有感而发以为序。

何谓动物福利，为何动物福利现时备受关注？动物福利有五个基本要素：生理福利，即要免除动物饥渴之忧；环境福利，要让动物有适宜的居所；卫生福利，主要是减少动物的伤病；行为福利，应给予动物表达天性的自由；心理福利，即减少动物焦虑和恐惧情绪。按照国际公认的标准，动物被分为农场动物、实验动物、伴侣动物、工作动物、娱乐动物和野生动物六类。世界动物福利组织尤其关注农场动物的福利，强调指出，农场动物是供人吃的，但在成为食品之前，它们在饲养、运输和屠宰过程中，或因卫生原因遭到扑杀时，其福利都不容忽视。

人对动物的福利观，本质上是人对自然的态度，东西方截然不同。东方人的态度是“天人合一”、“物吾与也”（“与”乃伙伴之意），而西方人则是要“征服自然”。不同的观念决定不同的实践，得到不同效应。几千年来我国劳动人民创造并坚持的农家传统养猪方式，是我国农牧结合维持良性生态系统的主干，体现了人与自然、人与猪、猪与自然的和谐相处；但是，这种资源节约、环境友好、人猪亲和的自给自足生产方式，却未能达到养

猪利润最大化。20 年前，西方以追求利润最大化为目标的工厂化养猪方式传入我国，最近 10 年得到了普遍推广。洋猪洋法对迅速增加我国猪肉产量和养猪现代化功不可没；但同时也带来猪肉风味变差、猪病猖獗、环境污染等严重问题。农家传统养猪方式与工厂化养猪并存，大量无节制地从国外引种和国内活猪的大量流动，更加大了猪病控制的难度。许多实践反复告诉我们，尊重自然规律我们收获的是希望，违背自然规律我们收获的是惩罚。

发明工厂化养猪的西方人，已先于我们尝到了违背自然规律的苦头。所以，20 世纪 80 年代后欧盟及美、加、澳等国都对动物福利予以立法，世贸组织规则中也写入了动物福利的条款。这正是解铃还需系铃人，也正如本书总论所言："如果说 20 年前国人将西方工厂化养猪的模式移植过来，精华与糟粕都吃了进去，那么，西方人自己都将糟粕吐出的今天，我们还有什么理由不痛定思策呢？实践业已佐证，科学的福利养猪正是祛除这些糟粕的一剂良药。"

如今，猪为什么如此难养？猪病为什么如此难控制？猪肉为什么不好吃了？环境污染如此严重怎么办？养猪人要想从根本上找到答案，建议认真研读这本专著。这可能是国内先知先觉的第一部福利养猪的专著，是作者多年理论知识积淀与实际应用探索成果融为一体的智慧结晶，立论高屋建瓴，原理阐述透彻，理论落实到实际应用上，言简意赅，好读能用。祝贺它与读者见面，感谢作者能让我先睹受益。

张永泰

2006 年 11 月于沈阳农业大学

前　　言

猪肉因其口感鲜嫩味美一直是国人主要肉食品的首选，20 年前一度占肉品消费的八成，至今仍稳定在六成五左右，足见其在消费者心中的分量，同时我们也不难想象养猪在我国畜牧业中的重要位置。

然而近几年来，“瘦肉精”事件、“垃圾猪”事件、“人感染猪链球菌病”事件、“无名高热”疫情，以及药物残留等诸多安全问题，无不动摇着人们消费猪肉的信心，因为没有多少人愿意花钱去享受“不放心”。我国年出栏生猪目前已达到 6 亿头之多，几乎为世界产量的1/2，然而猪肉出口却一直因非关税贸易壁垒（绿色壁垒、动物福利壁垒等）只占世界猪肉贸易量的 1%左右。更令养猪界头痛的是，进入新世纪后，猪病日趋繁杂，新病不断发生，旧病卷土重现，呼吸道疾病与免疫抑制综合征成为轮番向猪场发起攻击的主要因子，可谓防不胜防，谈病色变，“养猪难，难养猪”的无奈感叹声随处可闻。

诸上此类，数不胜数。在许多不解和疑惑的背后，人们开始反思自己的养猪行为，是否没有充分考虑场内场外的安全防疫生物空间，是否存在滥用药物并过分依赖药物与疫苗，是否存在虐待生猪现象，是否存在人为或不经意制造的某种严重应激原，猪群的生活环境舒适度和群体健康水平如何，等等。于是，在严酷的事实面前，人们开始借鉴先进的养猪理念与实践，尝试诸如早期隔离断奶、全进全出、分点饲养、单元式饲养等新的养猪技术，并获得进展。尤为可喜的是，养猪人开始慢慢

熟悉并接受一个新的时尚用语，那便是“福利养猪”。

事实上，世界上已有100多个国家和地区（含我国台湾、香港地区）制定了比较完善的动物福利法规，以善待动物为出发点来规范人们的饲养与逗养（宠物）行为。其主要内容是要求人们尊重动物的基本权利，如创造舒适的生活环境、免受饥饿与病痛折磨、提供表达天性自由的条件、免受恐惧与虐待等。

作者从事养猪研究与实践近25年，其间目睹了许多成功和失败的正反实例，也走过一些弯路。直到2000年下半年，当作者从养猪最难调控的第一环境——地坪保温（保干燥）的探索中获得突破后，就没有停止过进一步探求符合国情的福利养猪模式的步伐。近5年的实践业已证明：当养猪人把饲养的生猪真正当成和谐共存共发展的动物伙伴而不是赚钱的工具时，当建猪场前就科学设计符合其不同阶段生理需求特征的舒适生活环境与配套设施时，当饲料配制充分考虑其营养成分理想均衡与充足性（尤其是满足净能需求）时，当充分考虑了场内外防疫安全空间和建立了科学的防疫体系时，当福利养猪的理念被猪场所有员工认同并付诸行动时…… 生猪就会毫不吝啬地给养猪人以超出想象的回报（更高的繁殖成绩、更理想的饲料利用率、更快的生长速度、更安全优质的胴体品质、更好的卖价等）。这正好验证了几乎所有致力于动物福利研究与探索的同仁志士的共识，即善待动物的最大受惠者是我们人类自己。也正如世界农场动物福利协会首席执行官乔伊丝·德西瓦女士所言：大量数据证实，凡是已采取行动改善动物的环境，关注其营养、心理、行为需求的养殖场，其生产效益非但未下降，反而大幅增长。欧盟动物福利科学委员会主席唐德纳·布鲁姆教授直截了当地说：保障动物的福利就是保障人类的福利。美国著名的兽医学权威汉克·哈里斯教授更是一语醒人：最好的治

疗是把猪只放在适温、干燥、卫生的环境下饲养。

为了期望更多的业界人士关注并投入福利养猪实践，共同打造安全猪肉工程并获得更佳的收益；让经实践检验获得成功的福利养猪技术更好地造福于养猪同行和消费者，作者集近5年基于规模化猪场(瘦肉型猪)的务实探求体会与经验，结合并参考国内外先进的福利养猪理念与措施，历时近2年写就拙作，以希起抛砖引玉之效，更求为共同探求我国养猪业走安全节约型可持续健康发展之路，去点亮一盏灯。

在本书付梓之际，作者要特别感谢知名养猪专家张永泰教授、李焕烈研究员、王家圣高级畜牧师、乔春生高级畜牧师、吴正杰高级畜牧师等，感谢他们给予的热情鼓励，于百忙中拨冗阅读书稿并提出许多宝贵意见；作者还要特别感谢养猪人苏泽民先生，没有他的智慧与创造性实践，本书将逊色不少；同时也要特别鸣谢湖北省畜牧良种场、山西汇福科技发展有限公司、武汉明天生物科技公司、江西明天饲料科技有限公司、《今日养猪业》杂志和武汉绿常青动物科技有限公司等知名企业与媒体所给予的出版赞助；还要向许多为本书的撰写与出版提供热心帮助的同仁与朋友们致以诚挚的谢意。

受学识水平的限制，书中错误与遗缺恐难避免，还望各位专家、学者和同行不吝赐教指正，使其更具参考和实用价值。

作　者

2007年1月

目　录

第一章　总　　论

过去的20世纪,是一个科学技术飞速发展的年代,由此推动了社会的快速前进。养猪业亦不例外。1911年,全世界只有8 000万头猪,而2003年全世界生猪出栏量达到9亿多头。特别是西方将生产无生命产品的工厂化生产模式移植到养猪业之后,养猪业获得快速的发展。在这短短的几十年工厂化养猪进程中,人们经历了财富积聚的喜悦之后,无不面临着猪病的肆虐,猪产品安全问题以及猪、人共患病威胁人类自身安全的巨大挑战。西方人远在我国引进工厂化养猪技术之前就开始了认真的反思,他们终于认识到工厂化养猪是人类强加给猪的生活模式,不是生猪生物学的需要,其中的许多措施几乎超出了猪只的适应能力,所发生的一切异常,似乎都是猪的报复。原本在西方就流行的"动物福利"理念开始在养猪业上推行并得到验证。

从20世纪60年代起,欧洲许多国家开始重视猪福利,研究猪福利,后来北美洲、大洋洲参与其间,亚洲的一些经济发达的国家与地区亦相继加入,形成"福利养猪"的世界潮流。

我国养猪业的大发展与规模化养猪的兴起是在最近20余年。然而,今天国人也正面临着40多年前西方人面临的尴尬处境。如果说20年前国人将西方工厂化养猪的模式移植过来,精华与糟粕都"吃"了进去,那么,在西方人自己都将一些糟粕吐出的今天,我们还有什么

理由不痛定思“策”呢？实践业已佐证，科学的福利养猪正是祛除这些糟粕的一剂良药。

第一节　动物福利的由来与基本概念

福利养猪源于动物福利理念的延伸，故言及福利养猪，必言及动物福利。

早在1809年，英国国会上院通过了一项禁止虐待动物的提案，但被下院否决。1822年，两院都通过了禁止虐待动物的提案——著名的《马丁提案》。历经百余年的沧桑，人类对自身不能与动物和谐相处、屡遭动物报复的怪事陷于迷茫，百思不得其解。动物福利的理念此刻如同普罗米修斯的火种一样照亮了人们的心灵，人类对动物福利的认知有了飞跃的发展。动物福利不再仅仅是生物伦理的概念，更是一门科学，是一门让人类学会怎样与所有的动物和谐相处、共同发展、惠及人类自身的科学，是一门保证农场动物养殖业可持续发展的科学，是无可置疑的新兴的推动人类社会进步的生产力。不仅美国、澳洲、加拿大、欧盟等通过了立法，泰国、日本、新加坡、马来西亚等国家和我国的香港、台湾地区也相继立法，世界贸易组织的规则中也加入了有关动物福利的条款。到目前为止，已有100多个国家和地区建立了较完善的动物福利法规。

尽管有关动物福利法规的活动已有近200年的历史，但是由于动物福利不仅涉及动物的感受、生命本质以及与自然的关系，还涉及生物伦理与人类道德，许多方面尚未为人类认知，因此，就如同“应激”一词在生物科学中应用极为广泛却没有成为公认的定义一样，动物福利至今也没有十分明确的定义。

国际上比较认同的动物福利五项基本原则如下：

1. 免受饥渴的自由；
2. 享受舒适生活环境的自由；
3. 免受痛苦伤害与疾病威胁的自由；
4. 生活无恐惧与悲伤的自由；
5. 表达天性的自由。

由此可见，动物福利的概念是建立在动物是同人类一样有感知、有痛苦、有恐惧、有感情需求的前提下的。早在1976年，Hughes就将农场动物（猪在此列）的福利定义为“动物与它的环境相协调一致的精神和生理健康的状态”。1990年，台湾学者夏良宙提出，就对待动物立场而言，动物福利可以简述为“善待活着的动物，减少死亡的痛苦”。美国动物福利专家称，动物应有5大行为自由：转身自由，舔梳自由，站起自由，卧下自由，伸腿自由。作者认为，通俗地讲，所谓猪福利就是：人为创造条件，让所有饲养的生猪在生产过程中生活得更舒适、更自由、更健康，从而能体现其最大的自身价值。动物福利所强调的不是我们不能利用动物，而是应该怎样合理、人道地利用动物，要尽量保证那些为人类做出贡献和牺牲的动物享有最基本的权利。

我国是一个养殖大国，在几千年相对封闭的多少带有封建文化烙印的传统思想中，人们善待动物、爱及动物被视为笑话，人的至尊无上在此表现得淋漓尽致；尽管有老子“天人合一”的自然生态观和孔圣人“钓而不纲，弋不射宿”的对大自然要取之有度、养生护境的思想，但那也只能是浩浩洪流中耀眼的浪花而已。

毫无疑问，业界养猪人将要接受一场前所未有的思想大碰撞，经历一次企业文化的大洗礼。虽然一部完善的动物福利法的出台在我国尚需时日，但计划于2006年颁布的《海南省地方动物保护法规》和于2005

年12月31日由国家标准化委员会发布的《良好农业规范》系列标准(含生猪)等,却给我们带来了曙光和新的期望。

第二节　福利养猪的理论基础

人类养猪已有7 000余年的历史。家猪的祖先是欧洲和印度的野猪。这些野猪的原始类型是强有力的动物,它们能够保护自己免大的食肉动物的危害。它们能够行走在稠密的森林中和沼泽地的陷泥中,并且不但能够在地面上找食料(果实、蘑菇、兽尸等),而且也能用长而有力的鼻吻从土壤中掘出食物(可食的根茎、土壤中的矿物元素如铁等)。它们每年可繁殖2窝,每窝可产5或6头仔猪,依栖息地不同,其发情时间有异,多在冬季发情,春天产仔。它们喜群居,在自然竞争中,只有体格强健的公猪才有交配权力。平时居无定所,只有产仔时才筑窝。

猪是杂食动物,什么都吃,生殖力强,肉的品质好,并且容易长肥。所有这些特性是野猪在自然选择的过程中已经形成了的特性。人类抓住了野猪的这些特性,在人工选择下加强了这些特性,把猪变成油与肉的活的、有机的"生产机器"。

在野猪的人工驯化与人工选择中,曾在英国培育出了当时著名的约克什尔品种猪,这种具有强大的贮脂能力、短而弱的腿和短而扁的鼻子的品种,最终由于娇养,不能从土下掘取食物,难以放牧等原因而被另外的品种取代。20世纪80～90年代,我国从比利时引进的斯格猪,由于敏感的应激体质也逐渐被无氟烷基因的新品系取代。

上述的经典事例,都是人类在人工培育中由于偏离

了自然的法则而付出的代价。

达尔文不是动物福利的倡导者与先驱，甚至在他出生的那一年（1809 年），在英国上院就通过了一项禁止虐待动物的提案，但是他的进化论中的基本原理与思想无不闪耀着动物福利的理论光辉。

人们误认为达尔文的进化论只适于物种进化与人工选择的选种育种，殊不知，它也是指导几乎所有生物发展规律的理论基础，可对当今许多养猪生产中所发生的令人惶惑的问题与现象作出本质上的释疑。

这些与动物福利有关的经典原理与思想可概括为：

一、“人是为了自己的利益而选择，大自然却为了被保护的生物的利益而选择。”

人类为了自己的利益，把猪当作油脂和肉的活的生产机器，让它们完全脱离了自然环境，剥夺了大自然赋予它们的利益与天性，例如，自由运动、享受阳光、拱土、做窝等等。

由于缺乏运动，在世代递延中，猪的心肺功能必然减退，抵抗力必然下降；由于无草可衔，更无窝可做，在自身活动高度受限的情况下，母性行为得不到全方位的锻炼与完善，这些“被保护的生物的利益”被侵犯，难道不正是当今养猪业中重要症结之所在吗？

二、“有机体的适应性是相对的，就是说每个有机体的结构和机能适合于这种有机体近的和远的祖先发育的生活条件。”

在规模化养猪兴起之前，农家养猪已是部分脱离了自然环境，但是猪体基本上是适应的。有放牧运动的机会、觅食选择的自由、拱土的欢乐、滚泥的舒坦、与异性接触的权利等。规模化养猪，环境巨变，与适合于猪的

"近的和远的祖先发育的生活条件"大为迥异,猪失去了许多自由、欢乐与权利。我们常错误地认为猪的适应性是无限性,现代养猪生产中的怪现象值得我们人类反思。作者曾见到少数青年公猪,在初试情窦时,朝母猪头部爬跨。物种延续的本能在此显得多么苍白无力,然而得到的却是人们逗趣的笑声,在这笑声的背后不正隐藏着猪的适应性危机吗?物种延续的本能是一切生物生存的最基本的本能。当这种本能的适应性受到挑战时,其他的生存本能的适应性能安然无恙吗?

三、"有害变异引发消灭。"

曾在英国培育出了当时著名的约克什尔猪就是经典例子。它虽然具有强大的贮脂能力,但最终因为未能制止有害变异(短而弱的腿、娇养)的发生而被淘汰。

有害变异并非是一朝一夕突然出现的,而是有害差异在积累中突变的结果。达尔文指出:"这些差异在不熟者的眼光看来是看不到的。"正因为差异微小,常被人类忽视,即或人们早已感知,也采取了某些措施,但终因利益驱使,不去改变发生差异的环境条件,差异仍在继续。外来猪种中老三系就存在后肢不健壮的问题,影响了种猪利用。新三系虽然有所改进,但终因不能脱离定位饲养模式,也就无法从根本上解决问题。

达尔文指出:"在动物的改变方面,它们的器官运动与不运动也起很大的作用。"说明器官运动后果很明显的例子是牛和羊,在这些动物用以挤奶的地区,它们的乳房发育较大,而且是能够遗传的;而这些动物在不挤奶的地区,它们的乳房是很小的。现代养猪中缺乏必要的运动,应该是福利养猪的重大问题之一。

关心猪的生存条件,防止或延缓有害差异的世代积累,应该受到人们的关注。

四、“人类生产的实际活动，使我们必须研究有机体的生物学特征和有机体之间复杂的相互关系。如果不知道这些特征，人类的许多措施就会失去它们的意义。”

正因为人们对猪的生物学特征认识不够，才会有用原生稻草养猪的笑话；也因为人们对猪与其他有机体之间复杂的相互关系研究不够，才会出现人为性导致的肠道群菌失调、免疫力下降等现象。

达尔文指出：“有机体的相互适应性也是有限的，而它们彼此之间的关系就决定于周围条件，这些条件可能使一个有机体对其他的有机体占优势。因此，在像共生现象与寄生现象看起来如此不相同的现象之间，就不可能划分一个显明的界限。”

在当今养猪生产中，当一种共生现象演变成普遍的寄生现象时（如附红细胞体病），无疑我们应该反思：我们为这种演变提供了什么样的环境条件？它们是不是已超出了猪与相应有机体之间相互适应的程度？是不是已经破坏了它们之间和谐的环境？

如果人们不能全面深刻地认识猪与其有关系的其他有机体之间的复杂关系的话，特别是猪与微观世界中有机体之间的相互关系，“人类的许多措施就会失去它们的意义”。近 10 多年来，猪病肆虐的事实不正是对人们偏离自然规律的惩罚吗？

五、“生存斗争。”

“有机体的生活不但决定非生物条件，而且也决定于与它有某种关系的其他有机体。不同有机体之间的关系，表现它们彼此之间的直接斗争或者间接斗争的性质，因为在自然界里面，任何一个种都是被其他的种，在它们生活中所依赖的。”

在有机体之间复杂的相互关系中，达尔文认为生存斗争是第一性的。有机体在生存斗争中变异、进化或者退化、消亡。自然界所有的物种，无时无刻不处在生存斗争中，自然也包括那些微观世界的物种。禽流感和链球菌病对人的侵害，一些猪病中的持续感染，人类呼吸道冠状病毒的肆虐，都应该看成是这些物种生存斗争与进化的表现，道理很简单，因为它们的能力变强了，生存范围扩大了。

这些物种生存斗争的胜利，无疑是人类的灾难。如何制止这种情况的发生，不仅要在这些物种本身上找原因，更应该在它们赖以生存与侵害的有机体上找原因，在有机体所处的环境条件上找原因。一个物种生存斗争的胜利是建立在自身变强和(或)相应物种变弱的基础上的。

达尔文这样描述了对物种的呵护："在人工选择下，人的需要和有机体本身的生物学上的需要时常是不一致的。这样，在选择的作用下，如果没有人的特别保护，所发育的性状，就使有机体成为完全不适应的。"

我们不难理解，这种"人的特别保护"，不就是指人类给动物提供尽量多的合乎它本性要求的、福利性的生存条件吗？不就是要满足"有机体本身的生物学上的需要"吗？如果不提供这些环境条件，不满足这些需要，"就使有机体成为完全不适应的"。

综上所述，至少可以得出如下基本结论：在人工培育下，物种的"生物学利益"受到侵犯，失去了它们"祖先发育的生活条件"，尽管如此，这些物种还是在尽量按人类的利益目标适应这些苛刻的条件；但是这种适应性是有限度的，当环境条件超出物种适应能力时，无疑会引发有害差异，人类不应等到有害差异突变成有害变异时

再来反省；在物种的人工培育中，如果人类所采取的许多措施已失去其意义或者未收到应有的效果的话，那么是不是应该反躬自问：是不是人类对物种的生物学特征和有机体之间的相互关系了解得太肤浅甚或全然不知？“生存斗争”是不同有机体之间的基本关系，这一基本观点应贯穿于不同有机体之间复杂关系研究的始终，并指出有机体之间的适应性也是有限的，这种关系取决于它们周围的条件，当周围条件发生变化时，有机体之间的关系也会改变；人类应该对人工培育下的物种给予福利性的“特别保护”，使其成为完全适应的，这些保护措施应是“有机体本身的生物学上的需要”。

人类应该自觉地应用这种动物福利的理论与思想从事养猪的生产活动，在获得利益的同时，使养猪业也获得和谐的可持续性发展，让“科学养猪”变得更加名副其实。

第三节　福利养猪的必然性与紧迫感

自 20 世纪 80 年代中期，工厂化养猪进入我国，我国传统的养猪观念与模式受到巨大的冲击与洗礼；在伴随着经济体制变革的春雨中，国人逐渐接受了这一先进的养猪技术。不论其规模大小，大家都采纳了工厂化养猪的生产流程与猪舍建设，也不论是城郊还是偏僻之地，大都接纳了配合饲料技术。我国养猪业进入了一个快速发展的新阶段。

新观念与新技术给养猪业带来了勃勃生机，规模化养猪越来越多，工厂化程度越来越高；外源品种较弱体质的基因正在越来越广泛地取代本地品种强体质基因；更为苛刻的（对猪而言）生产环境（高密度，半限位或全限位等等）越来越多地取代原本相对宽松近于自然的生

产环境，饲料合成添加剂技术的广泛应用甚至滥用，也正悄然地改变着生猪与有关的有机体所处的有机环境条件。

这些悄然改变的环境条件，已经远离了猪的生物学需要，远远超过了猪的适应性极限；而与猪有关系的有机体（主要是指微观有机体，如病毒、细菌等）正以超出人类控制能力的速度急剧应变着。从而引发了多种传染病肆虐猪群的悲剧，并由此派生出药费飙升，抗生素与合成添加剂泛用，耐药菌株对人类的威胁，养猪业对环境的污染日趋严重，畜产品的安全性令人担忧等恶性循环的怪圈。

让我们看一看在怪圈中的养猪业现实。

一、生猪死亡严重，损失巨大

据有关统计，我国目前（2005 年）年出栏生猪已达 6 亿头左右，但是由于疾病（主要原因）与管理的原因死亡要超过 20%，每年死亡 1 亿头以上。以每头猪损失 150 元计，总计损失达150 亿元。

二、侵袭性疫病的病谱在巨变，新病层出不穷

从建国初期三大传染病（猪瘟、猪丹毒、猪肺疫）到五大传染病（增加了口蹄疫、喘气病），到 20 世纪 60～70 年代，又有血痢、萎缩性鼻炎、布氏病、链球菌病、弓形虫病、传染性胃肠炎、流行性腹泻加入，但都未形成大面积、乃至全国流行；到 20 世纪 90 年代，伪狂犬病疯狂若干年，其后又有蓝耳病参与期间，如今圆环病毒又掀起波浪，这些病不仅流行范围广，而且病情复杂化，在不少猪场与地区缠绵不断的流行，损失巨大。2006 年夏秋在江西、湖南、河南等地呈地方性流行的（多发于中小规模猪场与散养户）疫病，病原复杂多样，养猪业损失巨

大。原本与猪处于平衡相附的红细胞小体，因猪体免疫力下降呈现强烈致病性，引发世纪交错期间的大流行。

三、旧病的消退远远低于新病的加入，且旧病也处于不断变化之中

旧病中明显消退的只有猪丹毒、猪痘。不少旧病以新的方式出现。如冠状病毒对猪消化系统致病力减弱，而出现对呼吸系统致病力（不得不怀疑与猪舍空气污染，高密度、呼吸系统局部抵抗力下降有关）；魏氏梭菌以大猪，尤其是种猪的猝死症的形式再次威胁猪场；猪瘟以非典型形式出现者居多；溶血性巴氏杆菌单独致病少（如喉头水肿、巴氏杆菌性肺炎），继发参与他种疾病居多；原本是地方性流行的喘气病如今却在大部分地区的规模化猪场扮演重要的角色等。

四、疫病中持续感染的情况增多

病毒感染除已知的急性感染外（如猪的流感、口蹄疫等）还可致持续感染。病毒可在体内持续数月或更久，表现多样化临床症状。持续性病毒感染所致疾病及后果甚至比急性感染更为严重，还可被激发而急性发病，可不断排出病毒成为传染源。除了猪瘟病毒的弱毒株经胎盘感染可导致新生猪的持续感染外，伪狂犬病病毒、蓝耳病病毒、圆环病毒均能发生持续感染，只不过表现形式有异而已。伪狂犬病毒可致潜伏感染，蓝耳病病毒与圆环病毒可形成慢性感染。

持续感染应看成为病毒在环境压力下进化的结果，因为它的生存空间扩大了。而这种进化无不与猪的机体内因（免疫耐受、抗体功能异常、细胞免疫应答低下）密切相关。

五、富贵病增多，猪群体质退化、抗病力下降

由于营养丰富，又缺乏运动，猪群的某些功能在退化，种猪中富贵病增多。表现滞产（产程长）与难产增多，泌尿生殖系统疾病和肢蹄病增多。猪增生性肠炎病的上升，无疑与集约化生产、粉粒饲料、泛用抗生素、粗纤维减少以及肠道正常菌群失调有关。猪群体质退化，心肺功能减弱，无氧代谢耐力下降，无疑是某些免疫失败的因素之一。

六、利用性疾病增多

人类为了追求高利润，偏离了猪的生物学要求。超早期断奶，母猪子宫复位不全和推迟，影响雌激素释放与合子着床困难，致使发情推迟或不明显，重配母猪增多，小窝指数（指窝产仔等于或低于 8 头的母猪占生产母猪总数的比例）上升。

公猪利用性疾病主要发生于好用的公猪，体质强盛的公猪。每周远远超过 5 次。开始表现配种疲乏症，后导致精液品质下降，性行为低下。

七、危害呼吸系统的疾病剧增

危害呼吸系统的疾病（伪狂犬病、蓝耳病、地方流行性肺炎等）成为不安定猪场的主要原因之一，而能引起肺部病变的许多病原微生物（溶血巴氏杆菌、副猪嗜血杆菌、溶血性链球菌、衣原体、猪放线杆菌等）以及能抑制猪免疫力的众多因子的参与，使病情极为复杂化。

八、耐药菌株增多、治疗难度大、成本增高

例如，溶血性链球菌对四环素类、林可霉素、红霉素、卡那霉素、链霉素有较强的抗药性，多杀巴氏杆菌对

四环素类、红霉素、氨基糖苷类、青霉素、壮观霉素有较强的抗药性，肺炎支原体对四环素类、多种喹诺酮类药物、泰乐菌素有抗药性。

九、在疾病的影响下，生长速度减慢，生产成本上升

如在伪狂犬病感染的猪场，未接种弱毒苗的肥育猪在 50 d 内比接种弱毒苗的肥育猪少增重 3.2 kg。

十、为了摆脱疫病困扰，不少猪场长期滥用抗生素，甚至使用人专用抗生素

抗生素残留与人的交叉抗药性，已成为广大消费者关注的热点，猪场的公众形象与社会效益受到前所未有的挑战。药残检测的技术壁垒已给一些省的生猪出口业务造成巨大损失。

十一、对环境的污染日趋严重

许多猪场将大量裹杂粪尿的污水直接排放(1 个年出栏 10 000 头的猪场日均排污水达 80 t 之多)；为了弥补因疾病而导致的生长减慢的影响，不少猪场盲目提高饲料营养水平，尤其是粗蛋白质水平(如一些猪场大猪料粗蛋白质水平设计为 17%以上，人为增加氮的排放)；为了扑灭疾病，长期大量滥用某些消毒药，增加了污染环境的因子。

十二、免疫抑制性疾病十分普遍

许多病毒、细菌与霉菌毒素侵犯免疫系统，形成免疫抑制。一个有趣的现象是，近来养野猪增多，尽管野猪也感染 PRRS(蓝耳病病毒)、PCV(圆环病毒)，但未见发病。

尽管上述所言尚不能尽括怪圈中的养猪现实，但不

难看出：人类为了追求高利润，忽视了猪的生物学利益，打破了猪本身与环境的平衡，能否持续、和谐发展养猪业的危机已笼罩在头顶。“养猪难！”已不再是少数业界人士的呐喊！

危机的笼罩，呐喊的回响，难道还不能唤醒我们人类的深刻反思吗？“福利养猪”提出的必然性与迫切性也因此跃然纸上。

随着中国加入WTO，西方国家纷纷采取非关税措施阻止我国农产品大举进入，技术壁垒中的药残与生产过程中的环境壁垒、动物福利壁垒等，使我国农产品出口面临更大挑战。近几年国际上连续发生了一系列养殖产品出口遭退货甚至抵制的事件。2002年，乌克兰有批生猪经60多个小时长途运输抵达法国，却被拒之门外，理由是长途运输中没有按规定休息，违犯了动物福利法规。不久前欧盟销毁了一批从我国进口的肉食品，主要原因是我国的肉用动物在饲养、运输、屠宰过程中没有按照有关动物福利的标准执行。

毫无疑问，动物福利问题正在继绿色（药残等）壁垒后，成为猪肉出口贸易中的一道新壁垒。全球经济的一体化，国与国之间技术经济的相互渗透融合，已容不得闭门孤傲的存在，福利养猪的实践与效益必然会打破人们多年来传统思想之禁锢，从而实现养猪业名副其实的科学化、现代化。

第四节　福利养猪的特殊性与相对性

提倡福利养猪，但我们不是猪道主义者，也不是复古主义者。在林林总总的大千世界中，人类无疑是主宰者。利用一切可利用的资源为人类服务是全人类的共识，哪怕是那些动物福利的倡导者与信徒也不会否认人类养猪最终是要食其肉、利其皮毛、利用其做试验。

这就决定了福利养猪不同于宠物福利、观赏动物福利，有其自身的特殊性与相对性。

一、福利养猪应是科学的、高尚的商业运作

只要猪及其产品是商品，就存在商业运作，就存在成本与效益的矛盾。福利养猪可能会因为应用一些符合猪生物学特性的高新技术而增加投资，但是赢得的是养猪业更高的回报与可持续发展。例如，水暖保温技术的应用，可使仔猪的成活率明显提高；群养技术可使种畜生产力提高，利用年限延长；除臭剂与沼气技术能让猪场符合环保要求并得到较好的社会声誉。由此可见福利养猪是一种更高尚的商业运作。

福利养猪之所以更高尚，在于它摒弃了人类至高无上的传统观念，也摒弃了虚伪的猪道主义观念，更摒弃了无望的复古主义观念；而是以一种万物和谐、养之得法、取之有度以及追求持续发展的全新观念展示在人们面前。

人类至高无上的传统观念是一种落后的封建帝王观念的潜移延伸。这种观念连人命都可草菅，怎么会关注到动物的生物学要求。用人兽惨斗、动物惨斗取乐引以为荣，违背生物学特性的饲养方法，贪婪的猎食野生动物等都是这一观念的体现。在当今，这种传统观念所造成的孽业之积罪已遭到大自然的惩罚。猪疫病的肆虐、SARS（人类非典型肺炎）的噩梦，人畜共患病的新动向等，无一不在昭示这种传统观念的破产。

猪道主义是一种虚伪的不杀生思想与舶来品的另类。他们走上了另一个极端，有悖人类养猪的根本目的。他们虽然也承认养猪取肉是无可非议的，但是提出了不切合实际的十分苛刻的方法与措施，让那些想改变

现状去实践福利养猪的人望而却步。

复古主义者悲叹今不如昔，似乎一切都要回复到原始混沌状况才能拯救人类的处境。人类要以树皮为衣、与兽为伴、茹毛饮血；猪马牛羊要放归原野，自生自灭。从根本上否认了人类认识世界、改造世界、包括改造人类自身世界与过失的能力。

无可置疑，这三种思想是人类套在自身的枷锁，束缚了人类认识世界、改造世界的潜能，制约了养猪业的科学发展。人类只有摒弃这三种思想，在生物进化论的指导下，探索科学的福利化养猪，那么养猪业才会成为高尚的、科学的商业运作。人类将是这场思想变革与实践的最终受益者。

二、福利化养猪具有鲜明的相对性

一提到福利养猪，不少人就诧之以颜，认为人的福利尚且不完美，何谈猪的福利。难道要把猪当作比人还珍贵的动物供养不成？此言可谓差矣！差就差在将两种不同性质的福利混为一谈。人类福利有多种，有基本生存福利，有高级享乐福利，有工作福利，还有社会与家庭福利，等等。人类福利的目的不仅仅是物质上的给予，更主要的是以此建立安定和谐的社会秩序。如果我们按人类基本生存福利的原则去养猪，那么生猪高水平的生产性能就无从发挥，养猪将失去商业价值。

所谓福利化养猪是以保障人类环境的安全协调、创造更好效益为目的的人类活动。它应该以尽可能地满足猪的各种生物学需要为手段，达到上述目的。让猪在为人类所贡献的一生中，生活在贴近它本身习性的环境中，在圈养的前提下，得到尽量多的符合它生活习性的环境条件，彻底改变目前养猪业中出现的种种怪圈。我们不能在脱离人类养猪商业目的的前提下，奢谈猪的福

利。这就是福利养猪的相对性。

三、如何细化、量化福利化养猪的各项措施，将成为未来养猪业的重大课题

一方面，要制定相应的法规，与国际接轨，避免这一新的技术壁垒给我国养猪业带来不应有的损失。一方面，要结合我国实际情况制定生产过程中福利养猪的各项标准与实施细则。让广大从业者感到福利养猪是可见、可学、可做的事，对伦理道德、对从业者利益、对社会效益而言是相得益彰的大好事，让福利养猪更具可操作性与显效性。相信在不久的将来，“福利养猪”将成为“科学养猪”的代名词。国家认证认可监督管理委员会于 2006 年 1 月 24 日发布的《良好农业规范认证实施规则（试行）》，应是我国福利养猪的催生剂。

第五节　生猪福利的评估

尽管 Webster 在 1987 年提出的动物福利“五项自由”的基本原则得到广泛的认同，但是具体的生猪福利评估却是一个非常棘手的事情。一般认为 1～3 条比较容易量化评估，其实亦非尽然。其一，第 1 条是指避免营养不良，看似按饲养标准行事即可，然而由于现今养猪业主追求的是高生产性能，现行饲养标准是否能满足高产营养？其二，各猪场疫病繁杂不一，消耗在免疫应答上的营养既不相同，又难以具体量化。其三，即或在同一标准下饲养，由于个体与管理差异，仍有部分个体过肥或过瘦（种猪管理中尤明显），这算不算对生猪福利的负影响。至于第 4 与第 5 条量化评估的难度更大，例如猪行为的界定，行为的种类与表现；猪精神状况的界定，如何量度等问题，恐怕还不是人类现有的认知水平

所能解决的。

但是，这都不能成为人们不去改善生猪福利的理由。首先，养猪业的严酷现实已在告诫我们：不改善生猪福利是一条自缚待亡的窄路。其二，我们可以将较难评估的行为与精神福利作一般性思考，而去重点探讨如何改善和养猪效益与肉品安全最密切的疾病、环境、营养等福利问题。这也是作者在本书中要详述的主要内容。

作者认为，在生猪生产这一范畴里可以从以下几方面评估其福利状况：

1. 营养福利　评估执行的营养标准，实际营养水平，营养的不足或过剩，个性化营养（种猪）。

2. 环境福利　主要指有效温度、干燥状况、空气质量（通风状况）、卫生状况（细菌，病毒等）、圈栏结构的舒适度与实用性、供水状况、密度等。

3. 保健福利　流行性疾病与非传染性疾病的控制与最小化。生理计量（ACTH 水平）与免疫计量（免疫球蛋白水平等）有助深入了解猪群健康水平；生物安全空间评估等。

4. 药物残留与禁用药物　在动物福利得到良好实施的猪场，商品猪的饲料中是不用任何药物的（治疗用药有跟踪与标记措施），生产的是人们期望的绿色食品。但对于目前大多数猪场而言，商品猪饲料中药物（主要是抗生素）的应用是不可避免的，因此，按相关规定选择药物并控制好休药期应是良好的企业行为。至于不明休药期的药物可从“食用动物残留避免数据”（FARAD）中查询。自觉地不用禁用药物是一个负责任的企业应有的职业道德。禁用药物不仅危害人类健康与环境，而且也危害猪体健康。例如 β-兴奋剂就可损害猪的

心肺功能，引发代谢病并加重应激反应。

5.生产者与猪群的关系 饲养员的素质对猪的福利有着生产方式(生产系统)不可替代的重要作用。诸多的科学证据显示：饲养员与其照料下的猪群之间的情感交流是保障猪群的福利、改善其行为与心理行为的主要因素，得到饲养员良好呵护的猪只其皮质类固醇激素水平较低，生长更快、繁殖力更高。澳大利亚动物行为学家保罗·海姆斯伍斯教授在荷兰12家农场实地考察5年后得出如下结论：如果饲养员善于和母猪进行交流，包括抚摸、按压、声音传递、从不施暴等，那么和只喂完料就走人的对照组相比，善于交流的实验组母猪每年平均可多生产2头以上的合格断奶仔猪。

因此，在评估养猪福利时，不仅要考察生产系统，也要评估饲养员的福利理念与具体操作情况。

第二章　生猪福利损害的表现与后果

第一节　环境福利损害的表现与后果

环境就是指猪的生存环境条件，应包括自然环境（非生物环境与生物环境）、社会环境两方面。进化论指出：人工环境条件与"有机体本身的生物学上的需要"时常是不一致的。因此，猪在环境中必须对环境作出应答反应，否则就会危及生存。

这种应答反应可分为3阶段进行。第1阶段是行为调节，这是耗能量最少的方式，如在低温环境中，仔猪会向母猪腹下聚集，在不能依靠母体取暖的环境中，会产生堆垛行为，而不会产生靠打斗产热的行为。当行为调节不能足以消除环境影响（环境应激）时，猪就要进入第2个调节阶段，即生物性调节阶段。低温环境下，仔猪发生肌纤维性震颤；高温出现呼吸浅快等。但是，在更多情况下，有脑下垂体——肾上腺分泌调节系统参与，释放肾上腺皮质类固醇激素，导致免疫抑制的危险增加，对一些病原微生物敏感性升高。在第2阶段，生物性调节同样会耗费能量，因此可使生产性能下降。当生物性调节的时限持续过长，或者环境应激继续增强时，就会使猪进入第3阶段——病理调节阶段，即发生亚临床症状或疾病。

由于环境几乎包罗了对动物表现产生正负影响的

因素，因此，通过环境可以看到生猪福利状况的好坏。至少有 10 多种环境因子能对猪产生影响（此节只讨论非生物环境对其的影响）。由于生猪与环境因子的复杂关系及环境因子本身之间也存在相互作用，同时作用于猪体的环境因子常常不是单一的，而是多个叠加、互为影响地作用于猪体。因此，在如下的讨论中可能会以一个环境因子为主、多个因子共同作用来论述环境因子对其福利的影响。

一、气温对生猪福利的影响

气温（环境温度）是对恒温动物的生猪影响最大的环境因子。因为猪体所有细胞生命的维持与增殖主要靠生物酶系统，而生物酶系统的活力除对体内环境温度有严格相对恒定的要求外，也对体外环境温度有较高的恒定要求。实践也证明环境温度（尤其是有效/实感温度）是影响猪体第一重要的环境因素。

在通常情况下，猪是通过调节机体产热与散热平衡来维持与环境温度的平衡的，而散热主要靠热传导、热辐射、对流、蒸发等方式实现。这种调节方式是通过猪皮肤上的温度感受器，特别是腹部皮肤上的温度感觉器参与的神经体液调节来完成的。由于猪腹部经常与其他物体紧密接触（如地坪），因此，腹部温度感受器感受到的温度常常不是气温而是这些物体的温度。作者将生猪（尤其是仔猪）主要以腹部实际感受到的温度称为有效/实感温度。用有效/实感温度的概念，取代传统泛指的气温概念，无疑对仔猪保暖措施有积极的指导作用。

恒温动物能够依靠物理调节维持正常体温的范围称为等热区，又叫温度适中区。在等热区中，动物维持生命所需要的热能最少，且几乎不受环境温度的影响。

此时生猪的生长速度、饲料利用率与抗病力水平都较高。

(一)低温对生猪福利的影响

在此,低温特指低于等热区下限的温度。不同年龄段的猪等热区是不一样的,低温对它们的影响亦不一样。在此,重点讨论低温对仔猪福利的影响。

仔猪(新生仔猪、哺乳仔猪、断奶仔猪)对低温特别敏感。

仔猪,特别是新生仔猪的神经体液调节尚未完善,下丘脑的体温调节中枢功能未健全,因此,对低温刺激时的行为调节不充分,甚至不知道寻找温暖的地方,这可能就是有些新生仔猪冻死在保暖箱外的重要原因之一。体温调节的物质基础——脂肪与糖原的贮备在新生仔猪很少;被毛稀短,皮肤嫩薄,体重小,相对散热面积大,因此,体温的物理调节能力也很差。

在低温时,仔猪仅靠吃奶的“体增热”来维持体温是远远不够的,仔猪的“基础代谢产热”旺盛,在低温情况下,会很快消耗掉较少的体能贮备,所以仔猪对低温十分敏感。

较长时间的低温环境对仔猪的危害常常是致命的,其危害如下:

①黏膜血管收缩,局部免疫力下降。特别是鼻腔、咽喉黏膜血管,血流量下降导致黏膜表面游离的巨噬细胞与IgM(免疫球蛋白M)减少,容易引发细菌感染,尤其是肺部感染的几率增加。

②低温易导致肠蠕动加快,胃肠排空加快,营养物质吸收减少,进而导致抗寒力下降,继发各种胃肠炎。

③低温对体能的消耗可引发仔猪低血糖;出生后不久的乳猪没有足够体能去吸吮乳汁,是导致其饿死的重

要原因。

④低温使仔猪行动迟缓，增加了因压、挤、夹造成的伤亡率。

⑤低温会使已上槽仔猪耗料增多，料重比下降、生产成本提高。中大猪亦然。

⑥低温可使仔猪抵抗力下降，使某些条件性的病原微生物活跃(如巴氏杆菌、链球菌、副猪嗜血杆菌、大肠杆菌、附红细胞体等)，使疫病复杂化。这特别表现在断奶仔猪的疾病中。

⑦低温引发自洁行为紊乱，栏内到处可见粪尿，湿度加大，环境恶化。

(二)高温对生猪福利的危害

高温对生猪福利的危害是引发热应激。即是在环境温度超过动物的适温区上限(如种猪、大猪高于23℃时)的影响下，猪因体内产热与散热失衡而导致的一系列的生理机能障碍与行为机能的紊乱。

我国广袤的中部(湖北、河南、湖南、江西、安徽)以及临近的地区，都处在北半球季风气候带，每年约有长达5个月平均气温超过23℃的季节，有长达3个月日平均气温超过28℃的时间。随着全球气候变暖的趋势，这种持续高温气候正在延长，区域在扩大，连受海洋性气候调节的上海在2004年也出现近一个月平均气温超过28℃的高温天气。至于南方各省，持续高温天气可长达7～8个月之久。

高温气候，特别是持续高温高湿气候给生猪生产带来相当严重的后果。生长速度与繁殖水平下降、疾病增多、淘汰率与死亡率上升、生产成本提高，已成为养猪业界，尤其是规模化猪场在热季面临的巨大挑战。全方位应对应激已成为我国大部分地区规模化猪场度夏的第

一要务。

如果说低温主要影响仔猪的福利，那么，高温尤其是持续高温主要危害种猪与中大猪。

1.热应激发生的机理　猪是恒温动物，体温的恒定是靠产热(含体内代谢产热与从环境中吸收的热能)与散热的平衡来实现的。猪的一切生命活动要靠体内产生的能量(生物热能)来维持，所产生之热与吸收环境之热又要靠热传导、热辐射、对流与蒸发等方式散发出来，以维持体热平衡。

当环境温度在适温区，猪主要靠热传导与热辐射来散热。当环境温度超过适温区时，有汗腺的动物主要靠蒸发来散热。而蒸发是与空气中温度和空气对流速度密切相关的，湿度越大，空气对流速度越小，蒸发散热的效果就越差。猪是少汗腺动物(只有鼻镜处有汗腺)，因此，当环境温度超过适温区时，猪靠蒸发汗液来散热是几乎不可能的，所以猪就会本能地寻找凉水来滚泥，卧水、乃至滚尿液以及浅表喘息等方式依靠热传导与热辐射散发体热。当这些行为得不到满足而又没有其他手段时，猪的体温就会上升，突破恒温界线。因此，猪对热应激就显得格外敏感。

2.热应激的急性危害　由于环境温度骤然过高(35℃以上)，体热难以散发，或者肌肉剧烈活动产热过多，导致体温剧烈上升，代谢率急剧加快，肝糖原迅速耗尽，出现心力衰竭、肺充血、肺水肿。当体温达到42℃以上时，由于脑充血与脑水肿生理变化加剧，猪只出现惊厥、昏迷，进而导致呼吸衰竭、心衰死亡(急性中暑)。这些常见于酷热天长途运输或长时间野外驱赶的过程中，猪场内少见。因此，其危害性对猪场而言远低于热应激的慢性危害。

3.热应激的慢性危害　在长期的、非致命的高热或闷热环境影响下，猪为了适应生存，发生了一系列的生理生化与行为机能上的适应性强制改变，而这种改变对猪的生产与生长性能以及行为等方面均会产生多方面的负面影响。

(1)公猪的繁殖性能下降。公猪睾丸实质的温度一般在28℃以下。这种温度是依靠睾丸动脉与静脉在精索内形成的复杂的锥形螺旋结构的血管网(睾丸蔓状丛)来调节的。逆流热交换机制使动脉血在进入睾丸时被流出的静脉血冷却，它保证了精子的发育与成熟。睾丸与阴囊裸露在腹腔外，高温环境可直接作用于阴囊与睾丸，使得睾丸温度失控，尤其是长期热应激直接影响精子的发育与成熟。精子的发育与成熟约需55 d，因此，热应激对公猪繁殖力的影响出现在热应激之后2个月，表现为精液量减少、异常精子增多、精子活力下降。

(2)母猪繁殖性能下降。热应激抑制脑下垂体的功能，使分泌的LH(促黄体激素)与FSH(促卵泡素)减少，直接影响卵泡的发育；热应激使得体表血管扩散，大量血液向体表分布，使其对内脏血液灌注减少，血氧饱和度下降，卵泡的营养不足、卵泡液减少，从而致使卵泡发育受阻。因此，在热应激的影响下，母猪表现为发情不明显或不发情、排卵减少。由于卵泡从原始卵泡发育到成熟排卵需要100 d左右，因此，热应激对母猪繁殖性能的影响比对公猪影响的后续时间更长。

(3)对母猪围产期健康与生产性能的影响。热应激使其食欲下降，体能储备减少。而分娩是一个高耗能的过程，因此，热应激下分娩常出现体能相对不足；加之在热应激时，子宫血流量不足，子宫释放PGF2α(前列腺

素 2α)量下降，致使子宫阵发性收缩频率与力度下降，造成产程延长，导致滞产、死胎和虚弱仔增多、胎衣不下、产后感染几率上升；亦导致产后少乳无乳、便秘、子宫复原推迟、产后发情推迟、返情增多。热应激还可引发流产。

(4)生长肥育猪生长受阻，料重比上升。热应激可使生长猪本能地降低垂体与神经内分泌系统的活动，胃肠蠕动减慢、消化液分泌减少、食欲下降、采食减少，因而生长减慢，料重比上升。当气温从 25℃开始每上升 1℃时，采食量减少 0.1～0.2 kg，日增重下降 30～60 g。

(5)行为紊乱。为了散热降温，猪的自洁行为紊乱，在睡床处排尿，在排泄处卧睡，为了争夺地盘，咬斗行为增多。猪群和谐的社群关系被破坏，导致生长减缓，管理难度加大。

(6)猪体免疫力下降，发病率上升。尽管猪对副肾皮质激素的免疫抑制有较强的抗性，但长时间热应激造成的高水平糖皮质激素性的免疫抑制已是不争的事实。由此引发 PRRS(蓝耳病)、PCVI(圆环病毒感染)、PR(伪狂犬病)的发病率升高已成为不少猪场的棘手之事。

(7)高温的间接影响。高温高湿有利于吸血昆虫孳生，舍内蚊、蝇增多，既吸血扰乱休息，又增加传播 PRRS、PCVD 等疫病的机会；高温还有利于粪尿的快速腐败发酵，舍内有害气体浓度升高，如果通风不畅，易造成生猪呼吸系统黏膜的损伤。

二、湿度对生猪福利的影响

空气湿度(air humidity)简称“气湿”。表明空气中水汽含量多少的指标。大气中的水来自江河湖泊、海洋、植物、土壤等的水分蒸发；畜舍中的水除来自大气中

的水外，还来自于家畜皮肤、呼吸道、潮湿地面、粪尿、潮湿垫料等的水分蒸发。可见在通常条件下，畜舍内空气中的水汽含量总是大于舍外大气的水汽含量。

实际生产中，用相对湿度(relative humidity)来表示畜舍内的空气湿度。相对湿度用实际水汽压与同温度下饱和水汽压的比值表示，即相对湿度＝实际水汽压/饱和水汽压×100%，它表示水汽在空气中的饱和程度。

猪舍中适宜的相对湿度为50%～75%。舍内湿度过高或过低对猪只的健康与生产力均有不良的影响。湿度对猪只的危害在等热区是不明显的，而与气温组合在一起，形成高温高湿，低温高湿就会呈现叠加的危害性。

（一）高温高湿的危害

多见于长江以南地区的夏季。由于全球变暖的趋势，高温高湿的“桑拿天”的影响逐渐北扩，甚至波及到京津唐地区。

在高温高湿环境中，除前述的高温对猪只的危害外，由于高湿度的参与，还会对猪福利有如下危害：

1.消化系统疾病增多　在高温高湿条件下，猪舍内微生物繁殖加快，猪只从环境中摄入的病原微生物相对增多；猪在高热高湿环境中胃肠消化液分泌减少、免疫力下降，极易诱发胃肠炎与相关传染病(如仔猪黄白痢、血痢等)。

2.皮肤病增多　除了众所周知的螨病、虱、蚤等危害加重外，还会使渗出性皮炎、溃疡性皮炎、毛癣菌病、耳坏死综合征、猪痘等疾病形成危害。

3.霉菌毒素中毒的几率升高　在高温高湿条件下，多种霉菌可在饲料中快速繁殖。因此，在此情况下，霉菌毒素对生猪的不利影响常常是复合性的。常见的霉菌毒素包括黄曲霉毒素、赭曲霉毒素、单端孢霉毒素、玉米赤霉烯酮等。霉菌毒素侵害猪只的免疫系统、生殖系统以及实质器官。

4.种猪蹄病增多,如腐蹄病、芫蹄与其他变形蹄等。

(二)低温高湿的危害

多见于长江以南地区的冬季。低温高湿不仅加剧了低温对猪只的冻害(尤其是仔猪),而且由于高湿,猪只体表蒸发加大(与同温度下干燥环境相比),散热加剧。因此,更易诱发腹泻与消化道的传染病以及肺炎;猪只更易起堆,伤残死亡率上升;自洁行为紊乱,管理难度加大;墙壁房顶结露,降低了猪舍保温性能,易损坏房物结构。

(三)相对湿度过低的危害

主要见于我国北方的冬季,也见于南方保温条件较好的猪舍小环境中,特别是产房与保育舍,因为粪尿排泄量少,又禁用水冲洗。

相对湿度过低,使猪舍内具有生物活性的尘埃飞扬加剧,浮游时间延长,尘埃中病原的积累增多,致病性加大;低湿度使上呼吸道黏膜蒸发加大,黏膜变得干燥,血流量减少,巨噬细胞与自然杀伤细胞在黏膜表面的分布减少,防御功能下降,易诱发肺炎以及与呼吸系统有关的传染病。

在有红外线灯加热的保暖箱中,低湿度可使腹泻仔猪发生脱水死亡。

在过于干燥的环境中,种猪发生蹄裂、沙蹄的情况增多。

三、气流对生猪福利的影响

气流(air movement)的产生是由于有气压差。畜

舍内不同部位温度的差别产生了气压差，加之畜舍内换气，均使舍内空气发生流动形成气流。气流对猪福利的影响主要体现在与温度、湿度、有害气体、尘埃等环境因素的多重叠加作用上。高温时，加大气流有助于散热，但气流速不宜超过 2.5 m/s 为宜。

（一）低温高湿高气流速

高气流速无疑加剧了体热的散发，配合高湿度加剧了低温的危害，特别是由于从畜舍构件结合处缝隙吹进的作用于猪体局部的低温高速气流（俗称贼风）对猪只有更大的危害，常常引发感冒、肺炎、关节炎、冻伤以及与呼吸系统、消化系统有关的传染病。作者曾在湖北的某出口猪场，见到因运动场的塑料棚被寒风吹翻一角，造成邻近两栏仔猪发生急性呼吸道疾病综合征，个别猪只发生腕关节炎。

（二）低温高湿低气流速

见于只用塑料大棚方式保暖，没有其他保暖措施的猪场。由于主要靠晴天太阳热能的蓄积保暖，保暖达不到要求，加之早晚温差和阴雨天等因素，常造成低温的危害表现。为了尽量保暖，业主多采用增加密度，减少通风的措施，从而形成舍内低温高湿低气流速的环境。

在这种情况下，除低温危害外，舍内有害气体的危害严重。猪的咳嗽增多，发生眼结膜炎的可能性增加。

（三）高温高湿低气流速

见于夏季、黄梅雨时节。由于是大气自然环境引起的，人工适宜小环境又不能普遍应用（空调、抽湿机），因此，对整个猪群的影响是严重的。低气流速无疑加重了高温高湿的危害。作者见过在此环境下，个别心肺功能不全的母猪发生急性肺水肿死亡的病例。

四、有害气体对生猪福利的危害

有害气体(harmful gas)产生于养猪生产中。由于猪只的呼吸、排泄以及粪尿、饲料、垫草等有机物的腐败分解会产生氨、硫化氢、二氧化碳、甲烷、吲哚、粪臭素等有害气体。猪舍内氨、硫化氢和二氧化碳的合格卫生标准分别应低于 26 mg/L,10 mg/L,500 mg/L。

有害气体的危害主要见于封闭式的机械化猪场和冬季为了保暖而通风不良的猪场。在封闭式的机械化猪场,舍内中央粪沟顶部两侧呈弧形,虽定时(约 30 min)翻水斗会自动冲洗,但溅起的粪渣会附着在弧形顶部,日积月累可达几十厘米厚。这些粪渣发酵腐败,产生大量有害气体,虽有通风系统亦不能消除。人初进猪舍感到刺眼、流眼泪。此表明氨浓度已超 50 mg/L,久之人会适应,不流眼泪。1971 年,Doig、R. A 等人在《美国兽医杂志》上报道过 100×10^{-6} 的氨可引起猪患结膜炎、喷嚏、咳嗽,继而导致猪群生产性能显著下降。50×10^{-6}以上的氨浓度,在尘埃的联合作用下,会使肺炎发病率升高,日增重下降。

长期轻、中度的有害气体超标,可以刺激上呼吸道黏膜发炎、水肿、降低黏膜的防卫能力,易诱发有关的呼吸系统疾病发生。

饲养员与技术员长期在轻、中度的有害气体超标环境下工作,会产生抑郁感、昏睡感,对员工健康不利。并会造成操作迟缓,管理不到位,从而加重了有害气体对猪只的影响。另外,有害气体超标会腐蚀设备,减少设备使用年限。

五、舍内尘埃对生猪福利的影响

尘埃(dust)与有害气体是猪舍中最重要的影响空

气质量的因素。1 个饲养员 1 d 要吸入与交换 15～20 kg 的空气，而 1 头大猪 1 d 约吸入交换 30 kg 的空气。洁净的空气对人畜都十分重要。

猪舍中尘埃来源于饲料粉尘、猪只的粪尿、脱落的被毛与皮屑、垫草等以及舍外进入的尘埃。人类肉眼可见尘埃的直径＞50 μm，称可视尘埃；直径小于 50 μm 的尘埃称不可视尘埃。

直径大于 10 μm 的尘埃一般不能存留在猪只的呼吸道内，5～10 μm 的尘埃可进入上呼吸道，1～5 μm 的尘埃可进入下呼吸道，而小于 1 μm 的尘埃则可存留在肺泡上皮表面。所有这些直径大小不一的尘埃颗粒，称为总悬浮颗粒(total dust)。由于不可视尘埃的大量存在，猪舍中的空气并非人们肉眼所见的那样洁净。

猪舍中的尘埃是具有活性的，因为它们是多种生物，如细菌、病毒、衣原体、支原体、真菌、内源毒素、有害气体、昆虫与寄生虫虫卵等的良好载体。因此，了解猪舍粉尘的生物学组成对于了解由尘埃引发疫病的发病学原理有十分重要的意义。1996 年 Martin 等人就指出，尘埃中的链球菌对人畜危害很大。

尘埃还是猪舍中臭味的良好载体。臭味分子附着在尘埃上后就可以存在较长的时间。减少尘埃 80%，可减少 30%氨与硫化氢的浓度。

直径小于 50 μm 的尘埃可在空中飘浮，小于 10 μm 的尘埃可飘浮 10 多个小时，而 1～5 μm 的尘埃可飘浮 20 多个小时，小于 1 μm 的尘埃可在空中飘浮长达 30 h。长时间在猪舍内飘浮的尘埃可不断吸附空中具有生物活性的物质与臭味分子，因此，它们具有生物学的累积效应，使其生物活性物质容易达到致病所需的累积剂量。

尽管人们在千方百计地消除尘埃，如采用洗刷，静电沉淀法、离子法等，也取得了不少成绩。1991 年 Barber 等人就指出当时猪舍尘埃每立方米只有 3 mg，是 10 年前的 3/10，但是可吸入尘埃的浓度并没有效减少，因此，尘埃的生物学危害仍是猪场环境福利中的一大难题。

六、密度对猪福利的影响

密度(feeding density)即指猪舍内每头猪所占有的面积，或猪舍内每单位面积容纳猪的数量。一般用 m^2/头表示，它反映舍内猪的密集程度。

密度直接影响猪舍的温度、湿度、通风、有害气体、微生物、尘埃数量、空气卫生状况，也影响猪的采食、饮水、排泄、活动、休息和行为。

(一)高饲养密度对猪的危害

(1)破坏了猪群原有的社群关系。高饲养密度多由超量并窝所致。外来群体的参与，使得新猪群重新建立顺位关系的竞争者增多，这种关系的重组是建立在强者为王、败者为寇的自然法则上，经过一定时间的争斗行为来重新建立。常常导致猪只的伤害甚至死亡以及群体生产性能下降。

(2)出现异常行为。例如咬尾、咬耳、咬肋等攻击行为。这常常是为了争夺槽位和栖息地而发生。高密度下自洁行为也发生紊乱，栏内到处都是排泄物的场所。

(3)出现僵猪，栏内均匀度破坏。

(4)母猪群的高密度影响发情、配种、产仔数下降等。

(5)高密度使猪群防卫能力下降，极易诱发疫病流行，特别是与呼吸系统损害有关的流行病。

(6)高温条件下的高密度,加重了高温对猪的病理损害,严重的可发生猪的急性死亡。

(二)低密度对猪的影响

低密度对猪的影响相对小得多。主要表现在群体成员太少(如每栏仅有 3～5 头),缺乏采食、饮水的相互竞争,因此,生长速度可能低于饲养密度适中的猪群。低温条件下,低密度不利于猪只的相互保温。单栏饲养的种猪(空怀与妊娠前期)常出现刻板行为。

七、光照对猪福利的影响

光照(lighting)对猪的影响不如禽类明显,猪对光照的变化有很强的适应性,可在只有 2 个流明的光照中正常生活,1992 年 Curtis 等人指出,甚至在完全黑暗的环境中也不会对生产性能产生较大的影响。

在千百万年的进化中,猪只都生活在太阳光的周期变化之中,这种光周期表现为季节周期和昼夜周期,它比自然界中任何其他的因素更有规律。因此,对猪只的生物节律产生强烈的影响。在野生环境中,猪是短日照动物与昼夜活动的动物,但以白昼为主,在狩猎时期,变为夜间活动增多;夏季后逐渐缩短的日照可刺激公母猪的繁殖性能。顺其自然光照,即可满足猪的生理需要。

过强与过长的光照会刺激猪的活动增加,常出现攻击行为与咬耳、咬尾等恶癖,因而是要避免的。

八、噪声对猪福利的影响

噪声(noise)是指物体呈不规则、无周期性振动所发出的超过 65 dB 的声音统称噪声。猪场会受到周边环境中的噪声污染(如附近工厂、矿山、交通工具等发出的噪声),也会受到养猪生产中操作工具和猪只喊叫所产生噪声的污染。

猪对噪声也有较强的适应性。作者见过离火车轨道约 200 m 的某猪场，新进的种猪对火车的隆隆声与鸣笛十分惊恐，大约 1 周后，即可安静应对。但是，这不能成为人们不去防止噪声的理由。

持续的噪声可使仔猪食欲不振、肾上腺素分泌增加、心跳与呼吸数增加、糖皮质激素增多、免疫力下降。

突然剧烈的噪声会使仔猪惊吓狂奔、自残和碰坏设备；妊娠母猪可导致流产。

还有一种噪声被人们忽视，那就是人们在管理中（如捕捉、打针、驱赶）猪只发出的尖昂凄厉的叫声。这种噪声不仅具有一般噪声的危害，还是不良生物信息的传播源，它向临近的猪只发出危险信息，进而引起猪群的不安与应激。

九、栏圈与设备对猪福利的影响

如果说猪舍是猪只生活的小环境，那么栏圈就是猪只生活的小小环境，它对猪只福利的影响可以说无时无刻地存在着。

栏圈（pigsty）是为猪只生长发育和繁殖提供空间的设施，是猪场的基本生产单位，其功能是将猪限制在特定的范围内便于饲养管理。虽然按猪的种类讲，栏圈有不同，但是从建筑结构上看无外乎有砖混结构的实体式、栅栏式以及综合式三大类。它们对猪的福利产生不同的影响。

实体式不仅使栏圈面积相对减少，不便于观察猪群的状况，并且阻碍了猪舍下部空气的流通。这在湿热季节无疑加重热应激，空气污染更严重，可能成为呼吸性疾病发生的诱因。如果配种舍也是实体结构，将不利于公猪对母猪的诱情，也不利于后备公母猪向经产种猪学习性行为（哪怕这种行为是本能的），还可能导致种公猪

不良性行为(如自淫、早泄、阳痿等性行为障碍)。

栅栏式虽然避免了实体式的缺点,但由于邻栏的猪只可直接接触,特别是头吻部的接触,有利于疾病特别是呼吸系统疾病与皮肤病的传播,疫病的控制更难。在湿冷的冬季,如果舍内空气流速超过 0.2 m/s,将会加大湿冷对猪的危害。

综合式是将猪栏之间的隔栏采用实休结构,而走道的隔栏采用栅栏式结构,或者相反。在一定程度上避免了上述两种缺点,但也做不到尽善尽美。

无论采用何种结构的栏圈,其内部设施不科学都会危害猪只的福利。

①栅栏式的隔条间距必须合理。否则会造成串栏串窝卡伤、卡死猪只的事故。

②隔条必须有足够的强度,必须光滑无毛刺。

③实体式地坪必须是碎石混凝结构,且厚度不可少于 10 cm,否则易被大猪踏破成凹坑,引发肢蹄病,积水积尿。地坪必须要有均匀一致的 2%左右的坡度,以利于水的排泄。地坪下应有防潮层,防止地下水增加栏内湿度。地坪不应打磨得过于光滑,且应有防滑槽,否则易引发种猪后肢外展,蹄内侧肉踵炎,严重者不能自然配种。

④若为漏缝地板,漏缝间隔必须合理,不可有毛刺,否则引起猪只肢蹄病,局部感染乃至败血症。

⑤料槽的长度必须与载猪量匹配,否则易引发打斗应激、弱猪、僵猪;料槽的宽度、倾斜度与高度也要合理。

⑥水槽的长度必须与载猪量匹配,宽度与高度合理。特别防止水槽被猪只粪尿污染,成为疫病的重要传染源。若为鸭嘴式饮水器安装必须牢固,高度适宜,流量应与猪种匹配,特别是母猪,流量太小易发生便秘。

在实践中，用碗式饮水器和水料同槽设备有利于猪的本能喝水行为。

十、猪场位置与布局对猪福利的影响

猪场位置（pig farm positing）对猪的福利有重大影响。

（1）猪场邻近主要公路、居民区、其他企业都不利于防疫与猪场的防疫安全，可能成为众多疫病暴发的关键因素。且空气的污染、噪声的干扰都将成为无法化解的难题。

（2）南方冲积平原地区的猪场地下水位高，不利于湿度的控制。酷夏极易形成猪舍的“桑拿”天。

（3）水源不足的猪场会影响猪体的洁净、舍内空气污染以及热应激无法应对的尴尬局面。若饮水不足会影响生长与繁殖性能。

（4）朝向不好将加重热应激与低温应激的危害。无疑，猪场布局若不合理，也会极大地影响猪的福利。

①管理区（management zone）、生产区（production zone）、病畜管理区（zone of livestock management）是猪场的三大功能区。三大区分布不合理不仅增加管理难度、增加成本，而且易引发疫病、威胁员工健康。

②猪舍之间布局要合理，间隔要适中。否则会增加工作量，更重要的是不利于疫病防治。

③净道（access feed passage）与污道（access manure passage）不能交叉，更不能共通。猪群应单向流动，否则会产生交叉污染，易传播疫病。

十一、绿化对猪福利的影响

没有绿化或绿化不合理的猪场会影响猪的福利。

（1）绿化面积过小，达不到有助于净化空气的目的。

适宜的臭氧离子会刺激猪的神经——内分泌系统，增加食欲、提高免疫力。

(2)多层次的绿化(即高空、低空、地面)会使猪有回归自然的感觉。如果人在这种环境中会有安心定神的感觉，猪也不应该例外。

(3)有助缩小日温差，减少高热与低温带来的应激。

(4)如果树阴或攀沿植物可遮住屋顶，可减少来自太阳的60%左右的热辐射，有效降低热应激对种猪和生长发育的猪的危害。

(5)有人担心，猪场种树绿化可能会招来飞鸟，继而增加飞鸟传播疫病的可能性。而事实上，猪场发生疫情的病原来自飞鸟的传播的个案十分罕见。猪场实施树木绿化可以改善猪场环境、减少热应激、阻减风沙危害和增加员工视野愉悦感等，总体来说是利大于弊。

第二节　生物环境福利损害的表现与后果

猪的生物环境(bioenviroment)是指一切涉及猪只的有生命的活体因子所组成的系统的总称。它包括猪只体内环境中(消化道、呼吸道、血液以及其他组织器官)的各种微生物与寄生动物、体外环境中的各种微生物、寄生动物、昆虫、人、鼠、鸟以及家畜甚至宠物等。在自然条件下，还应包括猪只所处方位的植被与兽害等。生物环境中，以各种微生物(尤其是病原微生物)和人类对猪的福利影响最大。

一、生物环境的特定性与相对稳定性

任何生命都有自身特定的生物环境。例如，牛的前胃里有数以万亿计的纤毛虫，能消化分解纤维素成为它

与牛的共同营养；而猪胃中就没有这种微生物，因此，猪很难利用纤维素，这也是用稻草养猪失败的根本原因——违犯了生物环境特定性的原理。又如，猪与人的大肠中均有正常生存的双歧杆菌、大肠杆菌、乳杆菌、各种厌氧菌等等。但是，它们不仅组成比例有别，而且许多菌种之间还有别，不能交叉生存。再如，猪对炭疽杆菌有较强抵抗力，使其局限在咽喉部，而阿尔及尔羊却可以完全抵御炭疽杆菌。

这种特定的生物环境是动物（包括猪）在千百万年进化中逐步形成的，具有相对的稳定性。这种稳定性有利于生物种群的生存与发展；但是它又处于永恒的变化之中，以适应变化的外界环境。例如，奶猪大肠中以乳酸杆菌为主，随着采食其他饲料量的增加，乳酸杆菌的主导地位被其他微生物取代。这种自然变化，也是生物进化的必然，生物适应性的体现。

猪与相关的病原微生物之间也会形成稳态的关系。任何疫病的发生都要经历流行初期——流行盛期——流行结束 3 个阶段，自古到今没有一种病原微生物使易感动物 100％的感染与死亡，最终它们会与存活易感动物形成共处的局面——稳态。一个没有 PPV（细小病毒）的猪场，一旦传入 PPV，可在 3 个月内让大部分的母猪感染，若发生在妊娠早期必然会发生繁殖障碍。但是第 2 胎，其生产性能恢复，呈现猪-PPV 之间的稳态。这样自然形成稳态的疫病还有 JEV（日本乙型脑炎病毒）、PCMV（猪巨细胞病毒）、BVDV（牛病毒性腹泻病毒）等。

人工免疫接种是使猪群一致性尽快与病原微生物进入稳态的措施。

二、生物环境具有强烈的地域性

生物环境的特定性与相对稳定性是建立在地域性

基础之上的。作者见到，山区的牛从来不发生血孢子虫病，外地的牛只要在蜱活动季节进入山区准患血孢子虫病。同样，在欧洲流行的 PRRSV 是欧洲株，在美洲流行的是美洲株。生物环境的地域性，使得生物群落得以多样化，它们处于一个统一的稳定系统中，区域性的生物环境和稳定系统可因外来物种的入侵而破坏，甚至带来灾难性后果。

随着全球经济一体化的趋势，经济贸易交往日渐频繁，各国之间生猪交易与猪产品贸易也与日俱增，这就给与其伴随的微生物提供了泛区域性的机会，进而增加了猪-生物环境的不稳定性。

三、影响生物环境的因素

能影响乃至破坏生物环境的因素很多，诸如气候的剧烈变迁、太阳辐射的增加、地质灾害的影响、主导物种（如人类）或外来物种的强烈干预等等。从近百年生物环境的演变中不难看出，人类的干预是影响生物环境最重要的因素。

（一）人类快速增殖的本身就破坏了生物环境的稳定

动物、植物与微生物是地球上生命系统的三大类，它们之间的关系是相互依存，缺一不可的，任何一个物种的消长都必然影响整个生物环境。在过去的 100 年中，全世界人口中由 1900 年的 16 亿增殖到现在的 65 亿，增长了 4 倍；1911 年，全世界生猪只有 8 000 万头，到 2003 年全世界生猪达 9 亿头，增长了 10 倍。人类与其伴随的生猪的快速增长无疑会打破生物环境的平衡。

（二）随着人类与生猪的快速增殖给赖以寄生与共生的微生物提供了更为广阔的空间

与人类以及生猪有关的微生物不是共生就是寄生，

特别是病毒，没有独立的繁殖系统，是严格的寄生物种。而快速增殖的人类与生猪便为它们提供了更多更快的易感个体。在易感体中快速继代，微生物发生变异（毒力增强、新种新株的出现）的频率更高。

（三）频繁的引种与生猪流通，使其有关的微生物被交叉带到新的地域，为疫病的世界流行创造了条件

我国本来就没有马传染性贫血。20世纪30～40年代，随日本侵略者的入侵，患病的战马来到东北，从此，中国有了马传染性贫血的病毒。随着国外种猪的引进，从国外相继带来了猪血痢密螺旋体、波氏败血杆菌、肺炎支原体、猪传染性胃肠炎病毒等等。1966年，Mcorist等人证实，丹麦几个高度健康猪群发生PE（猪地方性肺炎）是由于进口英国白种公猪而传入的。还有一些传染来源说不清的疫病，如PRRS、PCV等等。它们为什么总出现在外国流行后几年、乃至几十年之后？如果说因检验技术落后未发现，那么临床的特有症状总不会不为国人注意吧？非洲猪瘟曾因飞机携带带病毒的动物而传到意大利。频繁的猪禽引种与交往，为猪、禽的病原微生物毒株之间重组提供了条件。这些事例都说明了生物频繁的流通与大量的交往，在为实现全球经济互融、全球经济一体化的同时，也给生物环境的稳定性带来威胁，也是人类必须面对的严重问题。

（四）现代养殖模式为微生物的繁衍与变异提供了极好的温床

集约化的生产使得新生易感个体更多更集中，病原微生物的富集更易更快；而一些不科学的家禽-猪-鱼与水禽的生物链，使得微生物可在高密度的情况下在不同生物种群中（包括易感的与不易感的）继代，为相关微生物，特别是病毒的变异提供了良好的条件。

（五）现代养猪模式的不良环境悄然改变着养猪与生物环境的关系

集约化养猪必然是高密度、舍内空气污染，特别是有生物活性的尘埃成为许多病原微生物的载体，并容易达到病原积累，破坏了猪与生物环境的平衡。

（六）药物与添加剂的广泛应用，增加了病原微生物变异的压力

抗生素应用剂量越来越大，耐药菌株大量出现都是生物环境被破坏的表现。原本对革兰氏阳性菌有效的四环素类，现在大多数草兰氏阳性菌都产生了抗药性；青霉素类也因耐药性剂量大大增加；氟甲砜霉素与喹诺酮类等新抗菌药，因交叉耐药性，也出现一些耐药菌株。抗菌药的广泛应用，也影响到猪体内正常菌群与正常菌相发生改变。

（七）猪场广泛使用的紫外线灯与环境消毒剂，如果没有真正杀灭微生物，那么也会促进它们变异

（八）猪的生物环境中，人是最主要的、最活跃的因素

人们采取的所有措施，人与猪群的亲和关系都会直接或间接地改变猪的生物环境。猪场灭鼠、灭蚊、灭蝇的好坏，关系到猪的生物环境中有没有鼠、猫、蚊、蝇等生物因子的存在与否。在探讨环境福利中，要将“人”这个生物因子放在第一位，此即未有不求源而可木长者。

四、生物环境福利损害的表现与后果

生物环境中影响猪福利最严重的因子是病原微生物，因其肉眼的不可视性，它的变化多不为人们注意。由此，形成生物环境的改变远比非生物环境的改变来得隐蔽，不能及早引起人们的关注。这种改变是悄然渐进的（无论是数量上还是质量上），一旦失衡对猪福利的影

响是巨大的。

生物环境对猪福利的影响可以扮演原始的角色，不少情况下扮演的是继非生物环境因子对猪致病后的继发角色，这种情况具有相当的欺骗性。例如，低温应激造成的仔猪腹泻，人们常常只用抗菌药处置，不知道保温是第一性的。

生物环境对猪福利的损害与后果可概括如下：

（一）入侵的致病生物因子引发新的疫病

20世纪50年代，我国猪病谱较窄，有猪瘟、猪丹毒、猪肺疫、仔猪三痢、水肿病等。到20世纪80年代，从境外引种带来血痢、萎鼻等。从20世纪90年代中期至今，出现的至今说不清来源的致病生物因子如PRRSV、PCV2、BEV（蓝眼病病毒）都是猪的生物环境中出现的或发现的新物种。PRRSV、PCV2对猪福利的损害是有目共睹的，也是巨大的。

（二）一些致病生物因子作用于猪的免疫系统，在猪的免疫抑制综合征的发病机理中有不可忽视的作用

猪的免疫系统的功能之一，就是清除外来致病因子。但是，一些致病生物因子反到亲和免疫系统，免疫系统的某些成分成了它们的避难场所，甚至有助它们的繁衍生息，这不能不说是这些生物因子成功进化的结果。正如达尔文指出的：不同有机体之间的关系，表现它们彼此之间的直接斗争或者间接斗争的性质。

这些致病性生物因子显然是这场斗争的胜利者，但是它们作用于猪的免疫系统形成免疫抑制的机理都不尽一样。

PRV（伪狂犬病毒）可在单核细胞与巨噬细胞内复制，并损害其杀菌功能；同其他疱疹病毒一样，PRV的潜伏感染率很高，病毒可久存于扁桃体与神经节中；许

多疫苗接种后可防止母猪繁殖障碍的发生，却不能防止接种猪被隐性感染。

PCV在巨噬细胞的介导下和分裂素的诱导下，明显抑制淋巴细胞的增生，从而干扰正常的免疫功能；PCV还可诱导B淋巴细胞凋亡，造成体液免疫无应答。

PRRSV可在单核细胞系与巨噬细胞系的细胞内复制，抗PRRSV抗体能促进巨噬细胞对PRRSV的吞噬作用，从而导致该病毒的复制增强；PRRSV还可以引发无症状持续感染，且无抗体产生。

CSFV（猪瘟病毒）同其他瘟病毒，如BVDV（牛病毒性腹泻病毒）和BDV（边界病病毒）一样可使胸腺萎缩，影响细胞免疫反应。弱毒株可引发持续感染，因特异免疫耐受不产生中和抗体。

M. hyo（肺炎支原体）可改变肺泡巨噬细胞和吞噬功能，出现免疫抑制。

PPV可在肺泡巨噬细胞与淋巴细胞复制，并损害巨噬细胞的吞噬功能和淋巴细胞的母细胞化能力。

SIV（猪流感病毒）在肺泡巨噬细胞复制，并可杀死巨噬细胞。

养猪生产中，这些致病生物因子都是叠加作用于猪体的，再加上环境中非生物性致病因子的影响，会形成复杂的免疫抑制综合征。这大大降低了临床治愈率，严重损害了猪的福利。

（三）免疫抑制使恢复猪只的生物环境稳定性的难度加大

猪体的生物环境稳定性的维持要靠猪体与其生物环境的所有因子的共同作用。任何一方质量与数量的变化都会影响其稳定性。免疫抑制使猪体抵抗力下降，发病增多，致病性生物因子在适宜环境中继代增多，从

而数量增多，致病性也会增强或变化。常规接种疫苗与隔离消毒常常还难以恢复生物环境的稳定；不消除猪的免疫抑制，会造成部分猪免疫失败，致病生物因子仍然有适宜的易感个体，生物环境的稳定性仍不可恢复。免疫抑制还导致原本共生的生物环境因子如附红细胞体变成致病因子，也破坏了猪的生物环境稳定性。

(四)混合和感染与继发感染导致治疗难度加大，死亡率上升

那些具有免疫抑制作用的生物环境因子可以互相作为混合感染与继发感染的角色参与。此外，与猪体处于共生状况的一些生物环境因子(如附红细胞体、巴氏杆菌、链球菌、嗜血杆菌等)以及某些普通的致病生物环境因子(某些大肠杆菌等)也可参与混合感染与继发感染。常形成病毒＋细菌、多种病毒＋多种细菌感染的复杂局面，治疗难度大、死亡率高。

(五)耐药菌株的频繁出现同样加大了治疗难度，使死亡率上升

耐药菌株的出现是细菌适应环境压力的结果，也是进化的表现。原本常用的青霉素、链霉素、四环素类、氯霉素类已对不少细菌的作用不大或者剂量要超常十几倍到几十倍应用。一些应用不久的新药，如泰乐菌素、氟甲砜霉素、氟哌酸类也因交叉耐药性或其他原因产生了一些耐药菌株。这无疑给治疗猪病时在药物的选择上增加了难度。

(六)变异株使易感的生物物种扩大，增加了生物环境的不稳定性

人患禽流感是变异株使易感的生物种类扩大的典型例子。而在猪中广泛流行的3个最常见的流感亚型

是"古典"的 H1N1、类禽源 H1N1 和类人源 H3N2，不同的 A 型流感病毒之间在混合感染时可以发生基因交换或重组，并从猪体内分离出重组病毒 H1N2 亚型（Sugimura 等，1978；Brown 等，1995）。1994 年 Brown 等人在美国还分离出 H1N7 亚型。1976 年，Easterday 等人在美国威斯康星州证实 SIV 的 H1N1 可由猪传染给人并发病，其后不断有资料证明，SIV 具有感染人的潜力，也提示猪在 SIV 新的大流行毒株传给人的过程中的潜在作用。

病毒在流行过程中，易感的生物物种的扩大，无疑进一步打破了生物环境的稳定性，使其在毒力、繁殖、保种方面朝着不利猪的健康方面得以进一步发展。

（七）与外界进行物质与能量交换密切的呼吸系统成为致病生物因子危害最频繁与最严重的靶子

现代化养猪生产中，环境质量下降的重要的一方面就是猪舍内空气质量的下降，影响空气质量最主要的因素是尘埃、特别是那些直径在 10 μm 以下的肉眼不可见的尘埃，因为具有强烈的生物活性，可直接进入下呼吸道，危害最大（详见第二章第二节）。呼吸系统是猪体与外界进行物质与能量交换最频繁的系统，在现代养猪状况下也是猪体接触环境中致病生物因子最多的系统，也是各种致病因子最易损害的系统，这样就为具有亲和呼吸系统能力的致病生物因子的入侵提供了先决条件。近 10 多年来广为流行的 PR 以及随后加入的 PRRS、PCV 都与呼吸系统的损害密切相关。从某种意义讲，现代养猪中呼吸系统疾病泛滥流行的罪魁祸首是人类自身——猪的生物环境中影响最为活跃的因素。

(八)可以引发猪的隐性感染或亚临床感染的致病生物因子广泛存在,对猪体的潜在危害不为人们重视

在澳大利亚、丹麦、英国,BDV 在猪群中的抗体阳性率为 1.6%~43.5%(Holm Jensen,1985)。BVDV 与 BDV 在自然感染的猪一般没有症状,但有的时候会表现致病性,引起母猪繁殖障碍、仔猪先天震颤、贫血、消瘦、腹泻、关节炎、蓝耳尖。

PCMV 遍布世界,在英国和日本的血清学调查表明,90%以上的猪受过感染。成年动物多为隐性感染,但可引起死胎、新生仔猪死亡、发育迟缓、鼻炎、肺炎。在管理良好的猪群呈地方流行,但无明显的经济损失。但是 PCMV 能改变猪体的防卫机制,尤其是抑制 T-细胞的功能。

PEV(猪的肠病毒)引起 SMEDI(死胎木乃伊综合征)、捷申病与泰法病以及肺炎、肠炎、心肌炎,多为无症状感染。有 10 多个血清型,I 型弱毒株和其他毒株无处不在(Ddend'hal,1983),在一般猪群中可检测到几种猪肠病毒血清型。

猪腺病毒(Porine adenoviruses)广泛存在猪群中,有 4 个血清型,与脑炎、肺炎、肾病变、下痢、新生猪皮下水肿有关。

这些致病生物因子虽广泛存在,但致病性常是隐性的,因此,重视与研究十分不够。作者曾见到头、颈、乃至腹部(脐四周)高度水肿的死胎,检验认为有 PRRSV,但是谁又去排除有没有猪腺病毒、猪巨细胞病毒的参与呢?因为它们同样可引起皮下水肿。作为全面论述猪的福利,就不能不触及了。

（九）某些旧病的病原如 CSFV、TGEV（传染性胃肠炎病毒）、clostridium welchii（魏氏梭菌）的等悄然发生变异，对猪的福利构成了新损害

CSFV 的弱毒株，经胎盘感染可形成持续感染；CSFV 的疫苗毒株导致新生猪先天性震颤；在方定一编著的《兽医病毒学》一书中，该书作者指出猪的腺病毒可能是猪瘟病毒的细胞病变株。

TGEV 的某些株经历了由肠道冠状病毒向呼吸道冠状病毒的转化，该病毒在适应性拓展的同时，虽然使腹泻变得温和，却给猪的呼吸系统疾病增添了复杂性。

clostridium welchii 从引发仔猪红痢，到引发成年猪猝死症的经历更值得深思。在受到对仔猪消化道大量用药的环境压力下，该菌转向用药少的成年猪，尤其是种猪。这种生存选择能力应该是人类始料未及的。

（十）某些旧病在猪场的引退或者变得温和，并未引起重视，仍然进行免疫，人为造成猪体营养的流失与接种应激。这些疾病如 erysipelas suis（猪丹毒）、TGE 等

第三节　营养福利损害的表现与后果

在现代化养猪大潮降临之前，我国养猪业处于传统模式中，为农村分散单养或小群饲养，饲料是以农副产品为主加少量谷物与饼类，饲养方式是圈养加放牧，总体说是粗放型的饲养，猪的营养谈不上“科学”二字。经产母猪多患有“母猪消瘦症”，利用不到 2 年就因过度消瘦形成不可逆性衰竭而淘汰。现在反省此事，就是母猪营养不良所致。

我国现代化养猪大潮波澜壮阔，在短短的 20 余年间，几乎在全国稍具规模的猪场普及了猪的配合饲料、

预混料、浓缩料，各种添加剂得以应用，集约化养猪模式被推广复制，品种也得以更新，外源血统充斥，每10年一更新的美国NRC饲料标准得以广泛采用。在许多人的眼里，养猪已不存在营养福利方面的问题，现在提出现代化养猪中的营养福利问题是不是有点杞人忧天？

我们的回答是否定的！在现代化养猪中同样存在猪的营养福利问题，在不少的猪场还相当严重，影响到种猪繁殖性能、利用年限、商品猪的成活率与饲料报酬等。

一、影响猪营养福利的因素

现代养猪生产中，外源血统的良种猪应是生产的主体，影响猪营养福利的主要对象是种猪。现代基因型的选择力度不断加强（针对瘦肉生产效率、胴体质量），对繁殖性能予以充分的考虑，其结果是现代基因型的母猪采食量相对减少，而生产付出绝对性增大，其营养福利的损害是显而易见的。许多猪场的工作人员，对超级基因型种猪认识不足（不少猪场将新三系与老一系混为一团），仍旧照原来基因型方式饲养，人为地加大了对营养福利的损害。一些猪场较差的甚至是恶劣的自然环境（如高温、空气污染、疫病的侵袭等）对破坏营养福利起到推波助澜乃至重要角色的作用。

①现代基因型母猪的瘦肉与脂肪比值升高，即背膘进一步变薄。从过去的30年到今天，母猪体脂贮备下降了约50%；而过去的母猪在初配时就有充足的体贮，有助于在其后生产中缓解营养供给不足带来的压力。由此可见现代基因型母猪较它们的祖先对营养失衡更加敏感。

②现代型种猪成熟体重增大。第一次配种的标准如下：

日龄 220～230 d

体重 130～140 kg

背膘 18～20 mm

不少猪场对照上述标准不难发现：日龄达到了，但体重与背膘多未达到，许多青年母猪在 100～120 kg 就配种了。究其原因是因为承袭了旧的标准，对后备母猪限食太过之故。

③在遗传选择的压力下，现代母猪产仔数更多，仔猪胴体瘦肉率更高，因此对母猪营养形成高压态势，稍有不慎就造成母猪营养福利的损害。

④在遗传选择的压力下，现代母猪泌乳潜能提高，泌乳量更大，对哺乳期营养要求提高，可消化能为 14.2 MJ/kg。赖氨酸为 1%、缬氨酸为 0.95%。可是不少猪场哺乳母猪饲料的可消化能仍不足，赖氨酸只有 0.8% 左右，缬氨酸更低至 0.6% 以下。显然满足不了高泌乳潜能的营养需要。

⑤现代母猪采食潜力下降。现代母猪沉积脂肪能力下降，胰岛素分泌减少，从而直接影响采食潜力的发挥。一方面是生产能力的提高，需要与付出增多；一方面却是摄入不能满足其要求，自然容易发生母猪营养福利损害问题。

⑥现代母猪营养需要的个体差异增大，特别是那些种猪来源是多渠道的猪场。Pond 等人于 1981 年、O'Grady 等人于 1985 年就证实基因型影响哺乳母猪采食量，父系为大白的母猪耗料量要高于父系为长白的母猪，且统计学差异显著。根据回归的原理，在高产性能的群体中，所产后代的繁殖性能向原始回归压力越大，形成群体中个体差异增大。如果饲养员没有个性饲养的意识与技能，无疑会伤害这部分母猪的营

养福利。

⑦现代母猪在不同胎次间的“连带”效应更强，也就是说，后备种猪在初配时没有达到应有的日龄、体重、背膘，将会影响其后若干胎次母猪的体况与生产体能。母猪将长期处于营养损害之中。

⑧现代母猪对环境的应激因子更敏感，这些应激因子可以直接影响母猪采食、饮水、体贮消耗、休息。如高温、低温、疫病、空气污染、光照等。

⑨在风起云涌的现代化养猪浪潮中，不少新兴猪场缺乏技术，将母猪养成肥猪。以母猪营养福利损害起始，以母猪生产性能下降被淘汰告终。

⑩人为营养失衡。作者曾见过超量补铁，致新生仔猪铁中毒；也见过因无预混合机器，搅拌不均发生的铜中毒。

⑪饲料品质不良。多见于霉菌毒素污染的饲料，超量应用未脱毒的棉饼与菜籽饼。作者还见过在尾粉中掺入大量滑石粉的中毒案例。

综上所述，影响猪营养福利的因素有外来良种猪遗传方面的因素，更有人们操作不规范的因素。当人们全面认识遗传因素对猪营养福利的影响，科学规范养猪行为之时，便是猪的营养福利得到保障之际。

二、猪营养福利被损害的表现与后果

（一）营养过剩（nutrient excess）

当摄入的营养素超过机体的需要时，不仅形成多余的营养素在体内蓄积，而且可引起一系列的病理生理变化的现象称为营养过剩。

1.综合性营养过剩（obesity）　是指摄入营养全面超过机体的需要所致。见于对种猪饲喂过量，特别是后

备种猪，当按(2.0+0.3)kg或(2.0−0.3)kg(NRC标准)在前期饲养时，猪仍会感到饥饿。饲养员在怜悯之心驱使下，多加料(可从添加低容重饲料入手)，结果造成种猪过肥。到发现时，已到催情补饲阶段，又无法控料，致使第1次配种时体膘超标。

极少数情况是由于个体的原因形成肥胖，哪怕按最低标准给料。

综合性营养过剩给种猪带来的伤害是严重的。表现为：

(1)繁殖性能下降。发情不明显，排卵减少、返情多、小窝指数上升、下一生产周期发情推迟。种公猪配种难度加大、精液量少、品质下降。

(2)围产期问题多。产程延长、死产增多、难产增多、产后感染率上升、产后少乳或无乳、仔猪伤残率上升，由于产仔少，有效乳腺可能减少。

(3)猝死几率增多。营养过剩的种猪猝死的发生率较高。作者见过猝死于魏氏梭菌性出血性肠炎、出血型增生性肠病、不明原因的出血性心肌梗死的病例都是过肥的种猪。

2.单项营养过剩　单项营养过剩在现代猪场中少见。因为能量饲料与蛋白质饲料在饲料中成本比例大，即或多添加也达不到营养过剩的程度；维生素类则因为多用复合维生素制剂也不易出现营养过剩的情况；而矿物盐类则因为不少猪场用其单体制品，某些矿物盐的大剂量又具有促生长作用，因此，人为增加剂量或搅拌不均的情况下，会发生急性或慢性营养过剩。

(1)急性铜营养过剩。见于在商品猪应用高铜(250×10^{-6})、又搅拌不均的时候。慢性铜营养过剩在猪难以见到，因为猪对铜有高的耐受性，且铜在进入体内后

会贮存在肝脏内，要用几个月或半年才会饱和释放到血液中，形成血管内溶血与血红蛋白尿肾病。商品猪生命周期短，故难以表现出来。

急性铜营养过剩的猪出现呕吐，呕吐物中可见血液或咖啡色（有盐酸之故）、口渴、体温下降、心率加快、多休克而死。剖析可见胃黏膜脱落、出血、血块。胃黏膜可被染成浅蓝色。

（2）铁营养过剩。见于给新生仔猪补铁。作者见过下列 2 种表现：一种即过量补铁所致，（猪对铁的耐受量很大，是饲养标准的 62 倍，因大剂量铁致铁中毒不太可能，若中毒多与同时缺乏 VitE 有关）；另一种是在注射铁剂部位发生气性坏疽（A 型产气荚膜梭菌感染）。

第一种情况中，仔猪可无任何症状在注射铁剂 1～2 h 死亡，有的会呕吐、腹泻、不能站立。剖析可见其四肢肌肉、背部肌肉色泽变淡、呈半透明状。

在引发气性坏疽的病例中，死亡发生在注射后第 2～3 d，注射部位明显肿胀，皮肤呈暗红色，压按有捻发音，切开皮肤，流出污红色液体，多有腐臭味。剖析可见腐败迅速，肝充血肿大，肝包膜下有气泡，气泡四周有灰色自溶灶。

（二）营养不良（malnutrition）

当摄入的营养素不足或者机体付出（流失）的营养素超过摄入的营养素而发生机体生理与病理变化的现象称为营养不良。

目前猪场大都采用现代养猪技术，照常理不应出现营养不良的情况，但是，如本节前面所述，由于人类追求选择目标，造成现代基因型的猪有许多缺陷，如食欲下降、生产负荷加重、付出更大等，加之许多猪场环境相对恶劣、人为干预增多，因此，在规模化猪场出现营养不良

性的福利损害是常见之事，对种猪的福利损害尤其明显。

1.综合性营养不良　综合性营养不良又称蛋白质热能营养不良（protein-energe malnutritron、PEM），它在临床上可分为以下3型：

（1）消瘦型（marasmus）。以能量缺乏为主兼有蛋白质缺乏。患猪体重未达标，或体重下降，皮下脂肪减少，肋骨显露，髋结节与坐骨结节外突，四肢肌肉萎缩，一般不见浮肿。

（2）恶性营养不良（kwashiorker）。以蛋白质缺乏为主，兼有能量缺乏。除有第一类症状外，有四肢下端、腹下浮肿（猪水肿不明显，马、牛明显）、食欲减损，精神沉郁、反应迟钝。

（3）混合型。生产中常见两型混合发生，患猪免疫力低下，除生产性能下降外，易发生产后泌尿生殖系统感染，由于免疫滴度不能达标，常致新生仔猪易发病、死亡率高。

综合性猪营养不良对猪福利的危害表现如下：

（1）后备母猪：少见，多由于饲料被霉菌毒素污染引起的慢性中毒所致，亦或后备母猪患有慢性消耗性疾病所致。初情期推迟，不规则发情、配种率低、返情增多、假妊娠增多。

（2）经产母猪：多见。其原因有现代基因型猪的食欲低下的内因，亦有环境与人为应激的外因。每经过一生产周期，母猪体况不仅没有得到恢复，而且每况愈下。断奶至发情间隔延长，发情不明显且持续时间短，排卵少，生产力下降、仔猪初生重小、初乳品质下降（甚至乳汁如水）、新生猪死亡率高、产程长、产后感染与无乳症几率增大。

(3)种公猪：少见。多由于利用过度或患有慢性消耗性疾病所致，表现性欲低下，精液品质下降、阳痿、早泄，故而配种成绩下降或配种不能。

2. 单项营养不良

(1)缺铁性营养不良。见于新生仔猪。新生仔猪体内贮铁 47 mg 左右，日耗铁 7 mg，每日从乳汁中仅获得 1 mg，若漏补或剂量不足，则在半月龄时开始影响仔猪福利。表现为精神沉郁、食欲减损、可视黏膜色淡、严重者呈苍白色、耳部血管不充盈，甚至光照也见不到明显血管、呼吸脉搏加快、心音亢进、有贫血性杂音、血液稀薄、血凝固时间延长、血红蛋白低于 8 g、红细胞减少至 $3\times10^6/mm^3$ 以下，红细胞大小不均，出现异型红细胞。严重影响仔猪的生长发育，一旦栏内出现咬斗现象，由于患猪血凝时间延长，常出血不止而死亡。

(2)能量缺乏性营养不良。在猪场多表现为新生仔猪低血糖症。凡是导致仔猪吮乳不足的原因都可引起本病，如母猪少乳、无乳、仔猪患其他病而难以吮乳、母猪不让仔猪吮乳、弱仔又未人工哺乳等等。

多在第二日龄发病、血糖在 50 mg 以下，精神沉郁，肌震颤、运动失调、体温偏低，严重者有兴奋或昏迷症状。

(三)饲料品质不良对猪营养福利的伤害

规模化猪场里，饲料品质不良主要表现在以下三方面：

第一类，饲料含有超标的抗营养因子，即饲料本身含有或从外界进入饲料中的阻碍养分消化的微量成分。常见的影响蛋白质消化的抗营养因子有蛋白酶抑制剂、凝结素、皂苷、单宁、胀气因子等；影响矿物质消化利用的抗营养因子有植酸、草酸、葡萄糖硫甙、棉酚等；影响维生素消化利用的抗营养因子有脂氧化酶、甲基芥子盐

等;阻碍能量养分消化吸收的主要是非淀粉多糖类。

生产实践中,以小麦、大麦、黑麦中含大量非淀粉多糖;棉籽(有腺体棉籽)饼粕中含棉酚;菜籽(三高菜籽)饼中含芥子苷危害最大。

第二类,用了伪劣掺假的饲料原料,如掺了滑石粉的尾粉、掺了皮革粉、虾壳粉的鱼粉等。

第三类,饲料被霉菌与霉菌毒素污染。至少有 100 多种能产毒素的霉菌可以污染饲料。据王金娥等人调查,对天津地区 93 例饲料样品做真菌培养与黄曲霉毒素 B_1 的 ELISA 试验证明,93 例样品 100%被霉菌污染。霉菌无处不在,只要温度在 10℃以上,饲料水分在 11.5%以上,霉菌就可以生长繁殖。气温在 22～30℃为霉菌繁殖产毒的最适温度,相对湿度在 70%～90%为最适湿度。可见霉菌污染饲料的条件相当宽松,又因其对猪危害严重、被损系统多、影响时间长、常具隐蔽性,所以霉菌毒素污染成为饲料品质不良的第一要因。下面重点论述一下常见霉菌毒素对猪福利的危害。

1. 黄曲霉毒素　该毒素是剧烈的肝脏毒素,引起肝细胞变性、纤维化、乃至肝癌,由此产生黄疸、易出血(凝血机制破坏)、神经症状(转圈、昏走、惊厥、失明——肝性昏迷);该毒素是作用强大的免疫抑制剂,这在慢性中毒的病例中较明显,表现为容易继发一些传染病,如猪痢疾、沙门氏菌病、附红细胞体病等。该毒素虽不直接影响种猪繁殖性能,但慢性中毒的母猪因营养不良,消瘦可推迟初情期、发情不明显;慢性中毒的猪恢复困难,哪怕消除黄曲霉毒素,病猪在较长时间内仍将处于贫血、消瘦之中。

2. 赭曲霉毒素与橘青霉素　它们是肾性毒素,在 4℃低温下,赭曲霉即可产生具有病损浓度的毒素。饲

喂 1 mg/kg 浓度的赭曲霉毒素的日粮，3 个月可引起猪烦渴、尿频、腹泻、脱水、胃溃疡、肝脂变与坏死、生长迟缓、饲料利用率低下。慢性中毒猪康复甚难。

3. 单端孢霉素类毒素　包括 T-2 毒素、DAS（脱氧雪腐镰孢烯醇）、DON（呕吐毒素）3 种，均可引起猪只胃肠炎、腹泻、呕吐、拒食、皮炎与皮肤坏死；虽然它们均是强毒素类，但由于引起猪只拒食，如 DON 浓度为 1 mg/kg 时，猪会自动减食，当超过 10 mg/kg 时猪只会完全拒食，这样就限制了其毒性作用。这 3 种毒素都具有免疫抑制作用，在慢性病猪表现出免疫接种失败、易继发感染性疾病。

4. 镰孢霉毒素（玉米赤霉烯酮）　具有雌激素样的作用，日粮含量达到 1 mg/kg 以上便可出现致病作用。后备母猪出现外阴与阴道肿胀、早熟性乳房发育；由于直肠水肿发生里急后重，乃至直肠脱出；由于玉米赤霉烯酮具有促黄体样作用，经产母猪表现出断奶后不发情、屡配不孕、产仔数减少、死胎增多、所产仔猪的外生殖器与子宫肥大；青年公猪表现出包皮增大、性欲下降、睾丸缩小；妊娠母猪日粮中该毒素大于 30 mg/kg 会出现早期胚胎死亡及流产。

5. 麦角毒素　包括麦角胺、麦角毒碱、麦角新碱 3 种毒素。临床上致病比较复杂，生产母猪很少流产，但引发乳房不发育与无乳症，从而危害仔猪福利，并出现耳尖与尾尖坏疽；生长猪日粮中含 0.1%低浓度的麦角毒素可导致增重降低、饲料耗损增大，浓度增大可引起耳尖、尾尖、蹄冠、皮肤坏疽、跛行；急性麦角中毒则表现出短暂的沉郁嗜睡，随即发生全身癫痫样发作式的惊厥，并可伴有失明和耳聋，如果不死亡，可进入再次发作间的间歇期，猪只多有恢复，且有食欲，但进食又促使第

2次惊厥发作，如此反复，猪只极度衰弱，若耐过，会长期处于僵瘦状态。

6. 念珠镰孢霉与增生镰孢霉毒素　日粮中浓度高于120 mg/kg时引起猪只急性间质性肺水肿，胸膜腔积水，发病率高达50%，死亡率为50%～90%。初期表现出沉郁、嗜睡、皮肤潮红，随即发生流涎、呼吸困难、心衰2～4 h死亡。日粮中毒素含量在75～100 mg/kg时，经1～3周可引起黄疸、厌食、体重减轻、免疫抑制（对疫苗效价反应延迟）。

猪业生产中，霉菌毒素对猪福利的危害不仅表现在其毒理作用上，还因为霉变降低了饲料原料的营养价值；这些霉变主要发生在玉米，而玉米是各类猪的主要能量饲料，如果猪场出现某一种类的猪发生霉菌毒素危害，应毫不犹豫地针对全群采取措施，方可最大限度地维护猪只福利。临床上，霉菌毒素多呈复合型危害猪只，远比单一霉菌毒素危害大，即或剂量小到$1/(1\times10^9)$，虽不显现症状，但已产生免疫抑制，发生免疫接种失败。

第四节　行为福利损害的表现与后果

动物行为（animal behavior）是指动物本能活动与对环境的反应所表现出的体态与动作。它是在千百万年的世代进化中形成的，因此一些行为具有先天遗传性，而后天的环境条件对动物的行为具有很大的影响，不仅可以使动物改变后天获得性行为，甚至可以改变它的遗传本能。就动物行为本身而言，又具有极大的可塑性，甚至可以出现新的行为（例如猩猩可以学会吸烟）。

动物行为更多的是对环境条件的反应，环境条件的细微改变常可引起动物行为的变化。因此，从某种意义上讲，动物行为的正常与否，行为出现的频率与质量都

折射出环境条件对猪只福利的影响。在高密度环境中，猪会出现打斗、嗜血癖；在高温环境中会出现自洁行为紊乱；在孤独的环境中出现空嚼行为；对已有性经验的公猪而言，若较长时间不利用，可出现自淫。相反，在宽松的人猪亲和的环境中，猪的自洁行为非常巩固，出现母猪哺育幼狗的现象也不足为奇。

一、猪的行为特性

（一）吸吮行为

仔猪在出生后约 30 min 就知道寻找母猪乳头吸吮母乳。吸吮行为与触觉行为、嗅觉行为、听觉行为以及印记行为一块组成猪只最初的吮乳行为。该行为有强烈的方位感。因此，初生仔猪一经吸吮乳头（产后 6 h 内），将长期不会忘记这个乳头。利用这一行为特点可以按强弱大小、乳头前后，在首次吸吮时固定乳头，以期获得好的整齐度，反之将引发 1～2 d 的吮乳争斗，影响仔猪生长。利用这一行为可用奶瓶为缺乳仔猪哺食人工乳。

吸吮行为是本能行为（instructive behavior），随着猪只的成长会慢慢淡忘，但是在环境不良的情况下，又会在断奶后记忆中出现，如吮耳、吮尾、吮血等（见本节的反常行为与病态行为）。

（二）摄食行为

猪的摄食行为与猪的生长发育、个体健康息息相关，猪是杂食动物，仔猪阶段尤喜甜食；粒料与粉料比，爱吃粒料；干料与湿料比，爱吃湿料。野外自然条件下，猪 1 d 采食 4～6 次，夜间 1～3 次，但在狩猎期，猪会将采食全部集中在夜间进行；在人工饲养自由采食条件下，每次采食 15～25 min，并能充分体现其个性与嗜

好，若饲料按蛋白料、能量料、微量成分料分别放置，猪只会自己平衡日粮，知道什么料该吃多少，猪的这种智力表现称为“营养智慧”；若采用限食，猪只每次采食时间会大为减少，约 10～15 min，采食速度加快，采食争斗增多。群养比单养吃得快、吃得多，但猪的采食是有节制的，因此一般不会出现像马、牛那样因进食过多导致的胃扩张。

猪在采食时常发生伴随行为。例如，在采食的同时，喜欢用鼻吻端拱土或拱料。因此，在设计料槽时，应不留直角，避免饲料浪费，并可在栏内放置深层干净的细红土，以满足其拱土的天性；猪在采食过程中还伴随饮水行为，饮水的量与次数随猪的种类、气温、食物性质有很大差别，但是在摄食过程中，供应充足的饮水是无可置疑的，许多猪采食结束后，会伴随排泄行为，所以可在采食后将猪赶往排泄处排泄，并形成有益的条件反射，这样对保持栏内干燥卫生十分有利。

（三）体温调节行为

猪是恒温动物，在适宜温度下，靠热传导、热辐射、热蒸发以及空气对流进行散热调节，靠自我调节的摄食量调节产热。现代基因型的猪，背膘趋薄，但既不耐寒，又不耐热，尽管随年龄的增长，耐寒力会有所提高。

猪的表皮层较薄，被毛稀疏，在炎热环境下，能吸收大量的热辐射，环境的高温容易传导至猪体内；猪的汗腺甚少，在高温环境中蒸发散热能力差，故小猪与大猪均怕热，尤其是肥猪。

在高温环境中猪的体温调节行为表现喜卧少动、呼吸加快，张口呼吸（即热性喘息，通过呼出气体来蒸发散热）、寻找泥水粪尿水打滚等，并不时将身体潮湿的一面朝向空气中，将鼻孔对着空气流动的一方以利于散热。

若强行在烈日或高温下驱赶，猪会加快热性喘息，发出痛苦的呼噜声或嘶叫，还发生自我保护性的跛行(减少行动，减少产热)，若仍不能调节与稳定体温，会发生日射病或热射病(中暑)、终因肺水肿、心衰、脑水肿而死亡。减少热应激对猪的伤害是猪场度夏的重要任务。

在低温环境里，新生仔猪的反应最明显。仔猪将四肢蜷缩在腹下，以将冰冷的地面与薄皮的腹部隔开，并相互挤堆取暖，出现持续性肌纤维的震颤以增加产热。低温应激会使仔猪抵抗力明显下降，极易发生各种继发性感染，如肠炎、肺炎、各种传染病等。

(四)自洁行为

猪是有高度自洁行为的动物。自然条件下，野猪从不在窝边排粪尿，以规避猛兽；家猪仍保留这一遗传特征，人们可利用这一行为维护圈面的干净干燥。

猪一般在采食后，饮水或起卧时容易排粪尿，多选择圈内墙角，有水源、低湿的地方作为排泄点。采食后约 5 min 左右排粪 1 或 2 次，多到 3 或 4 次，常常是先排尿后排粪，而在两次采食的间隔时间内一般只排尿，夜间排粪 2 或 3 次，以早晨排粪尿量最大。热应激可使排泄次数增多。

猪的自洁行为还表现在可利用的棱角来清洁头面部，以及躯体部皮肤上的脱屑与异物；在适宜的温度下，会主动寻找水源来清洁皮肤。

环境对自洁行为有重大影响，当密度过大、炎热、圈面潮湿肮脏、骚动应激等都会使自洁行为紊乱。

(五)修饰行为

猪会主动清洁皮肤的行为也是一种修饰行为，此外猪还会用后蹄拭擦所能及的部位；在趴卧时，通过个体间的相互拭擦达到修饰皮毛的目的，同时也维系了个体间的社群关系。猪患病时，停止修饰行为，不拭擦，离群独居。

(六)印记行为

印记行为包括辨别、接近、伴随与学习的过程。猪的早期印记行为主要靠嗅觉印记和声音印记来区别亲母与同胞。母猪也靠印记来辨别非亲生仔。印记一旦形成，会延续终生。但猪的印记能力有限，群体过大(超过 25 头)会使个体印记能力降低，从而增加个体间的争斗。

(七)探究行为

探究行为可分为有目的的探求行为与无目的的好奇性探究行为。探求行为是针对具体的事物或环境，如觅食，寻找栖息地与做窝的材料等，当达到目的，该行为便中止。圈养母猪如果做窝，那么在 6～12 h 即会分娩。而好奇的探究行为主要表现在对新环境、新事物的兴趣上。

猪的活动大部分来源于探究行为，通过看、听、闻、尝、啃、拱与触摸等感官进行探究。猪有发达的探究力，从环境中获得信息，与环境发生交流，以调整自身行为，更好地适应环境以利生存。探究行为在仔猪阶段最明显。仔猪出生后 2 min 便可站立，开始用鼻子拱觅乳头。随日龄增大，探究行为明显减少。

猪摄食时，先用吻突来拱掘，再用鼻嗅，最后用嘴采食，当合其口味时，方会大量进食。仔猪爱吃甜食，故在乳猪料中加入适当的蔗糖或甜味剂，会方便训练仔猪开食。猪还会利用嗅觉的探究区别生活环境的分区，如排泄区、采食区、休息区。猪对陌生环境格外警惕，多站立不动，用耳听、鼻嗅、眼看，认为无危险方才行走，边走边用吻突拱嗅。猪的探究行为让猪可以很快学会使用饮

水器。

在不适宜的环境条件下，如狭小、密度过大时，探究行为会持续发生，这种过分探究行为常常会损坏栏舍设备，引发咬癖。

（八）群体行为

猪的群体行为表现为群居中个体之间发生的各种交互作用。猪群是一个有等级制的社会结构，它按优势序列的原则组合而成。在现代养猪生产中，猪的一生要经历多次组群，若按大小、强弱组群就可缓解组群的争斗，也可利用猪视力差，夜间进行组群可减少争斗。

猪群的等级制在出生不久便形成，最先出生与体重最大的仔猪占优势，为争夺前端乳头会发生争斗，人们的干预可减少争斗。在合群性好的猪群，个体模仿性加强，不会吃料的仔猪会跟随会吃料的仔猪吃料，跟随有良好自洁行为的猪学会自洁。

当猪群密度过大而需要重新组群时，优势序列被打乱，重新排列时，将对增重造成不利的影响。

（九）争斗行为

争斗行为是生物进化的需要，它具有重要的生物学意义。在猪的进化史中，能促使众多的动物以个体、配偶或小群为单位在栖息地保持均匀分布，合理利用食物资源；在群体过大时，它能迫使多余的成员向新的地方疏散转移，开辟新的栖息地。这对防止密度过大而引发疫病、阻止疫病传播有重大意义；它能通过雌雄选择保证种的优生。

在现代养猪生产中，组群时的争斗行为首先表现为优势序列的斗争，即群居次位的斗争，当猪群中群居的社会结构形成后，不再发生争食和争地盘的斗争。辩证

地看待这种争斗对养猪生产是有意义的。猪群通过争斗建立了统治等级，就会使额外的严重格斗减少到最低程度。当然，应当控制争斗行为的程度，可夜间合群、强弱分开、或用气味喷雾剂以防止过度的争斗行为，减少致伤致残的发生。

（十）玩耍行为

猪的玩耍行为与探究行为分不开，特别是在仔猪阶段，猪对环境中新奇物件都会产生好奇性玩耍。在放牧中，可见到猪用鼻子拱动草球，玩弄塑料袋，让它发出响声以取乐。可以在仔猪栏中放置小铁球，铁链供其玩耍，以防止圈养中出现的反常行为。

（十一）性行为

性行为是猪的本能，是保证种延续的重要组成部分。表现为母猪发情与公猪交配前性行为、公母猪的交配行为、交配后的表现。

性成熟的母猪每间隔 21 d 会发情 1 次，表现卧立不安、食欲减退、让其他母猪爬跨、阴唇红肿、有透明黏液流出。当出现静立反应时是最佳交配时机。公猪若接触发情母猪，会追逐母猪、嗅闻肋部与外阴部、用吻突拱抬母猪、发出柔和的哼哼声。

交配时，母猪站立不动，四肢挺直，让公猪爬跨，完成抽动与射精动作。其后公猪会自动下来，仍不愿离去，而母猪会依旧保留站立不动一段时间。

利用性行为可诱导发情，防止性隔离引起的性行为低下与性恶癖，实施人工采精与授精等。

（十二）母性行为

是本能行为，是种延续功能的重要组成部分，有利后代的生存与成长。母猪的母性只有生产后才表现出来，随仔猪独立生活能力的增强而减弱，终到消失。这

些行为包括产前做窝、产后对仔猪的识别、哺乳与保护等。

做窝:圈养母猪约在产前半天衔草做窝。放牧母猪在产前1～3 d做窝,若为泥土地面,会用鼻拱、脚扒、将泥土掘出,堆成蓬松的睡床。

分娩:母猪多躺卧、努责,在全部胎儿产出前不会理睬所产仔猪,仔猪靠自身挣扎活动脱掉胎衣,脐带就自身挣断。胎衣排出后,母猪偶会吞食胎衣,此等行为可能与自我保护意识与自洁行为有关。从比较行为学的角度讲,母猪在分娩上的母性行为不如猫科动物,不会帮助后代撕裂胎衣,不会舔干新生畜体表面的胎液,因此,适时助产十分必要。

哺乳:仔猪出生后,会安静片刻,便寻觅乳头,在母猪腹部通过触、嗅找到乳头,开始吮乳。第一头仔猪从寻觅乳头到吃上初乳平均要15 min左右,以后出生的仔猪会立即模仿第一头仔猪的行为,吃上乳汁前的探寻时间逐渐减少,这对后出生的弱仔有重要的生物学意义。

分娩后头几日,当泌乳量大于仔猪需求时,八成以上的哺乳行为由母猪诱发,母猪常通过发出温柔的"嗯嗯"声来诱导仔猪来吃奶;2周以后,哺乳行为多由仔猪主动拱揉母猪乳房来诱发。母猪采用直立、滚动身体、掩盖乳房不让仔猪接近的方法终止哺乳行为。

母仔关系的建立:母猪主要通过灵敏的嗅觉与听觉来识别仔猪,并注意保护自己的后代,卧下时特别小心,当触及仔猪或听见仔猪尖叫声时会立即半站立,并将仔猪赶走,然后反复半卧半起直到安全卧下为止。仔猪若受到外来惊恐发出尖叫声时,母猪会立即赶到,并发出"嗷嗷"的鼻喉声以示警告,并会向来犯者张合上下颌威

吓，甚至进攻。限位栏的饲养，使母猪这种自然的护仔行为减弱，尤其是栏的后端，如未设仔猪逃脱装置，母猪后坐时常会压死刚好路过的仔猪。

（十三）昼夜行为

猪的行为有明显的昼夜节律。主要在白天活动，夜间躺卧与睡眠。每日醒着的时间约 12 h，打盹约 5 h，睡眠约 7 h。猪是多相睡眠动物，1 d 内睡眠与活动交替进行几次。进入慢波睡眠后，生长激素明显分泌增加，在活动期间血液的肾上腺皮质醇水平明显升高。上午 8 时左右为活动顶峰时期，晚 20～24 时转为低价时期。

昼夜行为随年龄有差异。初生 3 d 内，仔猪除吮乳与排泄外，几乎都是酣睡不动，且为群体卧睡，单独活动少。随着增长，猪的活动增多睡眠减少，到断奶后能独立采食，睡眠又有增加，种猪休息时间约占 70%，肥猪约占 80%。

仔猪休息与睡眠姿势多为四肢集于腹下小匍匐姿势。大猪与种猪则多为侧卧，少数匍匐，熟睡时呼吸均匀深长，有鼾声，不易惊醒。

（十四）恐惧行为

猪的恐惧行为表现为避让、逃跑、叫声。其中叫声最具有信息生物学的意义。一头猪的恐惧叫声会传给全群不安的信息，造成全群应激。仔猪的恐惧叫声为尖厉的叫声，大猪的恐惧叫声为“嗷嗷”的粗犷的喉音，当被捉住时，发出凄厉的“昂昂”长叫声。

（十五）亲近人类的行为

在圈养条件下，人类如果对猪亲和友善，猪也会对它所熟悉的人亲近。实践证明，人猪亲和的猪场，其猪群生产水平明显提高。此类行为表现为亲近人，围绕人

不离去，喜欢拱摩人的脚部，轻咬人的衣裤，驯服地让人抚摸并且很快侧卧躺下。

二、反常行为与病态行为

环境条件的变化常引起猪的行为改变。这或许在粗放的散养情况下不会对猪福利产生不利的影响，但在集约化生产条件却会成为比较严重的问题；品种或遗传的改变对猪的行为也产生较大影响，例如，外来品种的母性行为差。因此，在集约化生产条件下，环境与遗传都会影响猪的行为。

（一）咬癖(biting favorite hobby)

猪天生就有拱土与咀嚼周围物体的天性，这是觅食生存的需要。在人工饲养条件下，由于自然、气候环境以及营养等因素的变化，虽然不是为了觅食生存，却可诱发这种行为，给管理带来麻烦。

这些诱发因素与饲养密度过大、采食与休息受到影响、舍温过高过低、舍内空气污浊、料位与饮水不足、蛋白质与矿物质等营养素的缺乏等有关。

猪尾是咬癖最易攻击的部位，因为尾的后半部感觉迟钝，游动性大，易咬又不易为被咬者攻击。被咬猪因创伤疼痛不断摇尾以及血液的腥鲜味，会引起周围其他猪的更多撕咬。游动性大的耳朵也是咬癖攻击的部位，较少攻击的部位是肋部、腹部。

（二）吮癖(sucking favorite hobby)

吮癖的发生基本与咬癖相同。吸吮是猪的本能。随着断奶，吸吮的行为只发生在饮水时。在环境条件恶劣时，吸吮的记忆联系会深度恢复，导致吮耳、吮尾，严重者发展成咬癖。吮癖常常带有刻板行为的性质。

（三）刻板行为（mechanical behavior）

刻板行为是指由形态学上一致的规律性重复的与生产性能不相关的没有功能的行为，又称规癖行为（stereotypic behavior）。通常用来解释因社会隔离、环境刺激不足、饥饿等而引发的行为，也可由遗传因素、大脑疾病或大脑损伤所致。有调查表明，单栏饲养的母猪比群养母猪发生刻板行为明显增多。

刻板行为主要表现在不断舔拭、摩擦、撕咬围栏或突出物、打呵欠、空嘴咀嚼、无端地吸吮等。

现有的知识尚无法定量刻板行为对猪福利有何等的伤害，但是一致认为，刻板行为的发生说明动物福利不好。如果猪在醒觉状态时10%的时间都有刻板行为发生或者有刻板行为的动物占到5%以上，就说明动物福利处于比较糟糕的状态。因此，刻板行为的发生可以作为衡量猪的福利状况的一个参量。

（四）自洁行为紊乱（disorder of the cealing-self）

猪是有很好自洁行为的动物，较多的自洁行为紊乱的出现，则明示猪的福利状况不好。引起该行为的原因较多，如密度过大，环境氨气浓厚，室温过高，幼龄时调教管理差，猪群内部社群关系紧张（弱猪只能在排泄处休息）。自洁行为紊乱不仅影响到生产性能的发挥，而且有助疾病的发生与流行，造成饲料浪费，管理难度增加。

（五）自损行为（harming-self）

除了过度的刻板行为造成自损以及脑炎时发生自残外，猪的自损行为还表现在断奶仔猪用鼻长期拱摩腹部或后肢之间的区域，导致乳头、肚脐、阴茎、阴囊等部位的炎症。该行为为什么发生在断奶阶段，是否是仔猪在哺乳期拱触乳房行为的延续或印记，均有待进一步观

察研究。

（六）害怕人的行为

在集约化养猪过程中，人-猪或者猪-人需要近距离接触，在此过程中，猪常常产生害怕人的行为。表现为在听到人的讲话声、见到人时就发生惊恐的“嗷嗷”的重喉音，或者快速跑开。猪在表现害怕的行为时，伴随有急慢性应激，如果经常性地出现这种行为，其慢性应激会降低猪的生产性能与福利。

产生这种行为的原因在于管理人员与饲养员的不良行为与习惯，它包括对猪的打、踢、粗鲁的驱赶、高声的叫骂等等。作者曾见限位栏的长龄母猪，见到兽医人员举注射器就流泪的个案。实践证明，母猪高度害怕人，其繁殖性能可能下降10%以上。

（七）公猪性行为低下

集约化养猪生产中，公猪性行为低下是常见的事情。表现为对母猪的求偶性差乃至淡漠、爬跨时间短、射精时间短（＜3 min）、阳痿、早泄、自淫、青年公猪爬跨的方向感错误等。

公猪性行为低下的原因：

①种群环境的影响。将6～9月龄的青年公猪与母猪隔离。成熟后其行为水平明显低下，初次接触母猪时表现得无所适从；或者虽然知道亲近母猪，但欲望不强烈；甚至出现从母猪头部爬跨的错误。将已训练有素的成年公猪长期与母猪隔离也会发生性行为降低，严重的会出现自淫、早泄、阳痿，与母猪接触月余后，轻度的可恢复正常性行为。

将公猪与母猪隔离的做法，剥夺了性本能的福利，也剥夺了种群个体之间的社交福利，长期的结果必然形成公猪的心理障碍，从而产生性行为低下。

②配种环境影响公猪的性行为。实践证明，在公猪圈内配种不能良好地表现公猪的性行为，作者推测，这可能与母猪在公猪圈中不能良好地表达母猪的特有气味有关；而在专门的配种圈内或配种场内，则可以良好地表现出公猪的性行为。

③公猪的四肢疾病与阴茎外伤会影响公猪的性行为。由于负重困难会影响爬跨的时间，由于交配时疼痛，常发生不愿交配或不射精。

④高温影响公猪的性欲，减少爬跨时间和射精时间，以及性活动的次数。

公猪性行为低下，直接导致性欲差，配种能力差。

（八）母猪性行为低下

母猪性行为低下表现为发情不明显，不接受公猪爬跨，不愿意哺乳，护仔力差，甚至吞食后代。

母猪性行为低下的原因：

①遗传因素。外来品种性行为较本地品种差。

②母猪与公猪长期隔离（见不着面，也嗅不到气味），或母猪与公猪近距离长期频繁接触均会降低母猪性行为。

③饲养场地狭小。实践证明母猪个体所占场地小于 2 m^2，无论是青年母猪，还是经产母猪均会影响其性行为，使其发情明显率降低，背压试验（BPT）阳性率下降。

④高温影响母猪性行为。Warnick 等人报道，在 32℃时，13 头母猪虽然全部排卵，但有 3 头不能检出发情；Godfrey 等人报道，在 38℃时，母猪发情率减少 21%；Pett 还报道，高温会降低发情的持续时间。

第五节 社交与心理福利损害的表现与后果

家猪的祖先——野猪是群生的动物，特别是母猪生育仔猪阶段，群居生活最明显。公猪与母猪共同组成家庭，共同担负着哺育仔猪，保护家庭的责任。猪的社交活动是频繁的，不仅有双亲间的亲昵，而且有母子间的情怀，公母猪不仅哺育仔猪，还必须教会仔猪觅食、抗敌求生的能力。它们通过嗅气味，辨声响来建立相互的社交关系，利用体肤的接触来弥补弱视对社交关系的影响。仔猪还通过同胞之间的模仿与带领尽快学会生存的本领，建立起等级的观念，保证猪群和谐稳定。待仔猪可以独立生活后，亲辈会将它们赶走，以保证群体的更新，防止因群体过大造成的生态承载力破坏带来的生存危机，也防止了因群体过大带来的疫病流行。

总之，在这一系列的活动中，无不体现了群体中个体之间复杂的社交关系与心理活动。但是在现代养猪生产中，人为地不断在改变着这种社交关系，或隔离、或缺乏，使猪在心理上受到伤害。而这种社交关系与心理上的伤害都会体现在行为的改变与生产性能的下降上。

社交中有一个重要的内容就是学习，青年公猪看见成年公母猪交配，学习到正确的性行为。在现代养猪中，因隔离，没有了社交，青年公猪缺乏学习，故而出现初配时从母猪头部爬跨的现象。

在野生群体中，母猪是有择偶权的，但这种权利在现在养猪中丧失了。在生产实践中，可见到1头发情的母猪要换几头公猪才配上的事。人工授精的普及，使母猪几乎彻底丧失了与公猪的性交流。

限位的产床，母猪活动受限，极难施展母子间的社

交，母猪的母性得不到发挥，世代延续的结果必然是母性行为进一步低下。

仔猪断奶后的并群，以及以后生涯中的并群，都是野生群体中没有的事。并群无疑给生产带来了许多方便，但是并群后发生的社交关系的变化、优势序列的重建，无疑会给生产带来影响。人为频繁改变猪群社交关系的负面影响早为人们注意，采取并小群，一次性并群或同窝培育至出栏等措施已是公认的好办法。

同人类孩提时爱玩耍一样，仔猪间通过互拱、追逐，体现密切接触已达到心理愉快与群体间和谐稳定。通过仔猪的玩耍活动可以查视仔猪的福利水平。

第六节　生猪福利损害的综合效应

集约化养猪条件下，猪的福利损害常常是多方面的，有时是叠加的，在时间上是延续的，乃至贯穿猪的一生。因此，看到猪场中生猪福利损害不能用某一负面影响来解释，此时福利损害带来的后果常常超出了人们的想象与预料，这就是福利损害的综合效应。

生产性能不能充分发挥或低下、发病率与死亡率超标、反常行为与病态行为的反复出现是生猪福利损害综合征的最终体现。

多数猪场将母猪群中不能正常发情与配种的比例定为10%，在这10%母猪中，福利损害是多方面的，有过肥的、有过瘦的，有因公母隔离的因素，如果在夏季，还有高温的因素等。作者曾试验过，将公猪饲养在母猪舍中（在母猪舍中设立一个1∶4的配种栏，内养公猪与待配种母猪），母猪实行严格的个性饲养，挑选细心又有耐心的饲养员担当此任，结果104头母猪中只有5头未能如期初情与配种。不少猪场这一比例超过20%，多

方面持久的福利损害应得到足够的重视。上述事例证明，只有重视了猪的福利，改善了猪的福利，生猪会以更好的生产表现回报人类。

在仔猪培育阶段，应用腹感温度的新理念，采用水暖地坪式控温专利技术，使仔猪腹泻率几乎降为零；让母猪产前产后 3 周拌料服用“母乐健”，增加了新生猪铁贮备与单个体重，缩短了产程，母猪乳汁充足；应用了“仿生猪奶”，使仔猪在 7 日龄开始上槽，在这些综合福利的改善下，仔猪 21 日龄断奶重达到了 6.5～7.0 kg。反之，在综合福利的损害下，仔猪腹泻、死亡率会大增，生产性能得不到应有的发挥。

现代养猪生产中常见母猪空咬栅栏、空嚼、频频打哈欠等刻板动作，它是多种福利损害的表现。限位栏限制并剥夺了它们的社交权利，伤害了猪的心理，使其形成了孤独个性；加上没有异性刺激，刻板动作自然成了孤独个性下的百无聊赖的产物。有这种刻板动作的母猪生产性能下降，母性也差。

福利损害的综合效应发生的机理就在于猪只受到四维的慢性应激。四维的慢性应激就决定了这种应激来自多方面，具有时空上的连续性。慢性应激使交感神经系统与丘脑——垂体——性腺系统处于兴奋状态，长期慢性应激使机体的上述系统长期处于低阈值的激活态。交感神经兴奋，导致神经末梢释放去甲肾上腺素，肾上腺分泌肾上腺素与去甲肾上腺素，并进入血循环。在慢性应激中，下丘脑分泌下丘脑-肾上腺皮质激素释放因子，促使垂体前叶分泌促肾上腺皮质激素，导致肾上腺皮质分泌皮质类固醇激素进入循环，使猪的血循环中长期维持高水平的皮质类固醇激素，从而抑制了胰岛素的释放，导致食欲减损；交感神经兴奋，抑制迷走神

经，胃肠蠕动减弱、消化液分泌减少，消化力减退；交感神经兴奋致使异化作用加强，营养物质流失增多，生长减慢；高水平的皮质类固醇激素抑制 FSH 与 LH 分泌，影响发情与排卵，母猪生产性能下降；高水平皮质类固醇激素可减少淋巴细胞增生，减少抗体产生，淋巴结的体积缩小，从而使猪体的抗感染能力降低；长期交感神经兴奋会使猪只长期处于紧张状态中，在既不能很好休息又疲劳的驱使下，极易诱发反常的或病态行为。

积近 20 年现代养猪实践，人们已对应激的危害有了一定的认识，特别是江南的许多猪场，对热应激危害公猪有了切肤之痛，纷纷给公猪安装空调或湿帘，并从改善公猪的环境福利中有了喜悦的收获；人们还认识到低温潮湿对仔猪的危害，改善仔猪的环境福利，提高了仔猪成活率与增重率。凡此等等，说明人们已经意识到某些问题，开始自觉或不自觉地改善猪的福利，只是人们还未将福利损害与应激紧密相连，当人们意识到应激就是福利损害的代名词时，即是人们重视猪福利，并着手减轻甚至消除福利损害综合效应的时候了。

第三章　生猪福利基础

论述猪福利，首先遇到的问题是如何将公认的动物福利法规“五项自由”基本原则具体化。从 20 年集约化养猪实践中，国人经历了从新奇到学习、应用到丰收、喜悦到烦恼、惶惑到反思的过程，部分有识之士意识到集约化养猪工艺中许多弊端，出现了六改工艺的猪场，出现了猪—鱼—花果的养殖模式，出现了以“水暖地坪式控温”为代表的一些猪福利技术与产品，这无疑是猪福利为国人认可的标志，是猪的福音。但是要将猪福利全面具体化与量化却是一件极为困难的事情，其原因在于尚无一部动物福利实施手册或指南，甚至参考资料也寥寥无几；其二，目前的科学技术水平还无法量度某些动物福利，例如心理福利等；其三，有些生理指标与免疫计量可以作为动物福利好坏的指标，但是影响其波动的因素太多，其评价的真实性受到质疑。例如，测定血浆中的 ACTH。

结合我国的具体环境条件，将猪福利的论述定位在“让不同类别的猪只在生产、生长过程中生活得更舒适和更健康”的基调上是适宜的，也是可行的，行之必会收到经济效益与社会效益。

在前面的章节中，已经涉及到猪福利方面的有关内容。在本章论述猪福利前有必要明确下列概念：

①猪的生产性能与猪福利之间存在密切的关系。血液中高水平的皮质类固醇会导致低水平的免疫状态

与对疾病更易感染，减少蛋白质的合成，降低生产速度，使母猪生产性能下降，后备公猪性腺发育迟缓。因此，存在诸多应激反应和诱导高水平皮质类固醇的生产系统往往与较差生产性能和身体状况联系在一起。但是，高水平的生产性能并不能就意味着高水平的福利。例如，在限位栏条件也能出现母猪年提供22头以上活仔的好成绩；低死亡率被滥用抗生素所掩盖；高产母猪较差的母性给母猪本身与仔猪带来疾病与事故的福利风险。

因此，仅将生产力作为衡量福利好坏的指标是不全面的。若将它们的平均生产能力，结合个体生产能力综合考察，那将是简单有用的福利指征。

②当一个猪场全面考虑动物福利的时候，必须意识到在改善某些猪的福利的时候，要影响到另一些猪的福利。当妊娠母猪由限位栏变为小群圈养时，群体中占有统治地位的母猪就会掠夺底层社会地位母猪的日粮。因此，多数母猪福利的改善，常要以牺牲个别母猪的福利为代价。至今为止，尚没有一种生产系统，既能保障哺乳母猪的福利，给予母猪充分的行动自由，又能保障仔猪的福利与成活率。如果将哺乳母猪限位饲养，那么保护仔猪的福利将是以牺牲母猪福利为代价的。

在此，充分体现了作者强调的猪福利的相对性，它不仅是针对猪与宠物福利有别而言，也是全面考虑猪福利所必需的。当把猪场的猪福利作为一个整体审视时，就必须考虑福利系统的整体效应，在人类现有认知水平下，牺牲某些个体某阶段的福利或许是福利系统整体效益的最好体现。

③福利措施的目的性。考虑福利措施时，可满足其目的性的措施才是适宜的，同一种措施，可能有不同的

目的。例如，用干洁稻草做垫料，对仔猪有保暖的作用，还可以培养仔猪的探究行为，丰富与完善行为内容，增强处理环境变化的能力；对于即将分娩的母猪而言，垫用稻草会成为母猪表达做窝行为要求的底物；而对于限料的妊娠母猪而言，稻草可能成为采食行为的底物。

④猪场决策者与饲养员在猪的福利中的重要作用。只有猪场的决策者有了实施猪福利的迫切感时，猪福利才会被重视，才会因地制宜地做到恰到好处；反之，如果一个好的愿望即使在法律的高压下让猪场业主不情愿地实现了，也可能给养猪业造成混乱，带来高的生产成本(Curtis，1990)。澳大利亚动物行为学家保罗·海姆斯伍斯在荷兰 12 家农场实地考察 5 年后指出：如果饲养员善于和母猪进行交流，包括抚摸、按压、音声传递、从不施暴等，那么和喂完料就走的对照组比较，善于沟通和言传的实验组饲养的母猪每年可多生产出 2 头以上合格的断奶仔猪。人是生产力中最活跃的因素，在此得到充分的体现。

第一节　生物环境福利

如第二章第二节所述，猪的生物环境是指一切涉及其有生命的活体因子所组成的系统的总称，不同的空间与时间形成的这种生物环境具有特定性与相对稳定性。在这庞大复杂的系统中，影响猪福利最显著的是各种微生物，尤其是各种病原微生物，只有当人们正确认识猪-微生物子系统的本质后，才能更好地制定猪的生物环境福利。遗憾的是，生物环境福利常被人们忽视，或以简单的隔离、消毒代替。为此，在论及生物环境福利之时，有必要进一步深入探讨生物环境或猪-微生物系统（主

要指病原微生物)的本质或规律。

一、猪-微生物系统的本质或规律

(一)猪-微生物系统是一个开放的系统

开放系统是指一个与环境有输入、输出关系的系统,组成该系统的各要素都要从环境中输入高负熵的物质(熵是热力学中的概念,表示无用的能量与功;负熵与熵对应,表示有用的能量与功),如食物、氧气、水等,并以废物的形式输出低熵的物质。该系统中,猪与各种微生物之间互为环境,并且在高度不确定的环境中维持它们各自的低熵的内部组织,根据环境中不断变化的物质流、能量流和信息流调节无数的变量而维持相互的生存。

猪与该系统的各种微生物之间有其加和性,也有其非加和性,利用这两性,加强整体性的正效应,有利疫病的防控。该系统不会为任何措施所封闭,仅仅企图通过消毒、隔离等措施阻止猪与微生物之间的各种交换常常并未收到好的效果。

(二)猪-微生物系统是一个进化的系统

该系统中,猪是高度进化了的物种,而各种与之有关的微生物物种是正处于积极进化阶段的物种,它们的进化常推动了系统的进化,可用进化方程表示为:

$$q = N(a, q, \nabla, x, t) + F(t)$$

N 表示确定性驱动力;F 表示涨落力;$F(t)$表示随机性涨落力;q 表示状态向量;x 表示空间向量;a 表示控制参量;∇ 表示微分算子;t 表示时间。该方程表示系统在驱动力 N 和涨落力 F 作用下进化的状态方程。

该方程表明猪-微生物系统中，有大量的系统要素（如病毒、细菌、支原体、衣原体等），有多个状态变量（如健康、亚健康、发病、痊愈、妊娠、分娩、各种生长阶段等），具有非常的复杂性，在疫病的发生上具有不同的重要性。

该方程指出系统中含有各种非线形因素，例如PRRSV的致病性并非随年龄的增大而增强；PPV的致病性嘎然止于第1胎；3周龄后，猪体免疫力并非随体重的增长而增长等。人们不能用线形方程函数预测其结果，这增加了系统的模糊性。

该方程表明了系统的随机性。系统的时间进化与不能绝对准确预测有关，这些原因在方程中表示为$F(t)$。在随机因子或涨落力的作用下，疫病的发生使人们难以预测，更不知道何时又有新的疫病出现。例如，候鸟何时将AIV（禽流感病毒）携带到何处引发AI（禽流感）恐怕无人敢准确预测。

（三）猪-微生物系统是一个非平衡结构，具有自稳性

猪与某微生物之间的系统结构一旦形成，就总是趋向于保持某一状态，使系统整体状态能持续出现，此即系统的自稳性。在开放系统中，系统必须与环境不断进行物质、能量和信息的交换才能保持有序的系统结构。它离开平衡点，但保持稳态（演替顶极），成为非平衡结构。该系统从外界吸取负熵以抵消自身的熵增，这种新陈代谢的过程就是维持结构稳定的基本条件。无论猪与微生物之间的关系如何，是寄生还是共生，其系统结构一旦形成，都会自动趋于稳态。

疫病流行经历的3个阶段：流行初期——流行盛期——流行结束，正是病原微生物与猪体之间形成系统

结构的过程，并且最终走向稳态。

开放系统的稳态叫做系统的等终极性，具有特别重要的意义。例如，猪发生 FMD（口蹄疫）影响其生长，当 FMD 痊愈后，患猪仍可达到最终体重（当然，需要更多的负熵）；又如，青年母猪感染 PPV，第 1 胎产出死胎与木乃伊，第 2 胎可恢复其生产性能。

（四）负熵流可增加系统的有序性

一个系统的存在必须以它的有序性与稳定性来表征，开放系统的负熵流可使系统的熵减少，增加系统的有序性。这是因为在时间间隔 $\mathrm{d}t$ 内，系统熵 S 的变化为：

$$\mathrm{d}s=\mathrm{d}eS+\mathrm{d}iS$$

其中 $\mathrm{d}eS$ 表示熵流，$\mathrm{d}iS$ 表示熵产生；在开放系统中，$\mathrm{d}eS\neq0$，若 $\mathrm{d}eS<0$，且 $|\mathrm{d}eS|>\mathrm{d}iS$，则 $\mathrm{d}s<0$。此即开放系统靠负熵维持。

疫病发生时，$\mathrm{d}s$ 变大，向 0 靠近，乃至大于 0，$|\mathrm{d}eS|$ 与 $\mathrm{d}iS$ 愈接近，甚或小于 $\mathrm{d}iS$。为病猪与未发病的猪增加负熵流，有利于疫病防制。

（五）发生疫病，系统形成“耗散结构”

所谓“耗散结构”是指系统在远离稳态情况下，在外界条件的变化达到一定阈值时，能从原来的无序状态转变为在时间、空间或功能上的有序状态；当外参量继续改变时，还会形成一系列的结构状态。

“耗散结构”有如下特点：

①“耗散结构”只有通过与外界交换物质和能量才能维持，无生命系统不能形成“耗散结构”。

②“耗散结构”只能在远离稳态条件下才能出现。

在非线性远离稳态达到一定阈值后，系统会“自组织起来”，产生一种新的稳态结构。

该理论指明：疫病之所以发生，是因为在疫病发生前，猪只本身状态以及猪与有关微生物之间的关系已远离稳态。维系猪—微生物系统的稳态，是防止疫病发生的关键。疫病发生后，系统形成一系列的新结构，例如，猪只自然耐过，形成自然免疫；人工接种形成人工免疫；既免疫又带毒带菌等等。

③非线性的反常涨落是形成“耗散结构”的另一条件。无疑在疫病发生中，反常涨落因子是病原微生物的量与毒力的反常变化以及驱动力中状态向量（抵抗力、种类、营养、环境等等）的变化。由于病原微生物的生理生化反应是以化学反应做基础的，而化学反应是量子间碰撞或量子涨落引起的，这种碰撞或量子涨落是非线性的，因此，疫病的发生与新病的出现就有了极大的随机性，难以预测。在众多大猪场的严密防控之中FMD依然会出现就是这个原因。然而，此况不能成为人们松懈维护系统稳态的理由，反之，应不懈地维持系统稳态，以减少其随机性。

（六）猪疫病的发生是猪—微生物系统进化的表现

系统进化的基本因素是涨落或突变、自然选择和隔离。在现代集约化生产模式中，普遍存在这些基本因素，因此，猪-微生物系统的进化比以往激烈，疫病发生的频率上升，新疫病产生的几率增加。

（1）涨落或突变是选择的基本材料。猪场里，紫外线灯不恰当的应用、消毒药与抗生素的滥用均有助微生物突变；有的猪场实行多畜种养殖，如猪-鸡、猪-鱼-鸭、猪-羊等模式，无疑给病原微生物提供了多物种适应性

突变的机会。AIV 的 H5N1 可使人发病，SIV 的 H1N1 也可使人发病，并可在人群中传染（Palease 和 Ritchey，1977；Hinshaw 等，1978）说明密切接触猪、鸡的人已成功成为 IV（流感病毒）多物种适应性突变的对象。

（2）自然选择决定了进化的方向。集约化的生产模式为自然选择提供了大量的感染个体，诸多有悖猪生物学特性的环境因素与单方向的育种选择都可以成为系统进化的驱动力 N 的动态向量，为病原微生物变异提供了丰富的自然选择方向。当人们注重母猪产前产后施用抗生素，肠道生存压力加大时，魏氏梭菌由致新生仔猪发病转向妊娠母猪或中大猪发病就是例证。

（3）隔离形成微生物种群的分化。种内品系的形成需要一定数量并且在隔离条件下。同动物育种一样，在集约化猪场相对隔离条件下，微生物之间基因交换被相对阻止，当猪群庞大时与之相伴的微生物数量也上升，当达到一定程度时必然形成种群的分化。几十年来，许多病原微生物的血清型不断在扩增的事实应是隔离的结果。

（4）积极进化的物种是自然选择的结果，是难以消灭的。

为什么当今最流行的 PRV、PRRSV、SIV、PCV（部分病型）、PRCV 都亲嗜呼吸系统？就是因为在集约化养猪环境下，舍内空气质量差、有害气体浓度超标、颗粒直径＜10 μm 的有生物活性的尘埃超标，为这些病毒的自然选择提供了良好的方向。PRCV 是 TGEV 的变异株，当肠道生存压力加大时（酸制剂等广泛应用，外源性细菌引入，如蜡样芽孢杆菌），TGEV 向易生存的呼吸道转移无疑是自然选择的结果。

人类肉眼见不到病原微生物，这就使它们的生存、

进化具备了巨大的隐蔽性。可以用人工免疫与自然免疫的方法控制许多疫病，如 CFS、PR 等等，但谁也不敢说猪场里没有 CFSV 与 PRV 存在。不少猪场稍一疏忽，CFS、PR 就卷土重来。人们要消灭一个正在积极进化的物种恐怕不太现实。

(5)猪—微生物系统的进化必然还会造就新的微生物物种，未来还会出现新的疫病。

推动系统进化的是涨落，在微观世界中，涨落最终表现为量子的涨落，这种涨落是随机性的、非线性的，因此，微观事件(新的致病微生物的出现等)的准确预测从原理上讲是不可能的。

尽管准确的预测是不可能的，但是新的病原微生物的产生却是必然的。只要猪-微生物系统还存在，与外界交流就存在。随着社会的发展，系统内外的涨落因素会日趋丰富，系统会变得日趋复杂(例如生猪饲养量不断增多，人-猪密切程度的提高、定向培育形成的弱体质、气候灾难的频发、微生物变异因素增多等)，形成时间进化上的各种新的有序结构频率越高。近 10 多年，新疫病出现的频率远远超过了过去几十年，PRRSV、PCV 遍布猪场，不仅 AIV 的 H5N1 可感染人，SIV 的 H1N1 也可感染人。近年来副黏病毒的活跃也超出人们的想象，BEV、Nipah Virus(尼帕病毒)也崭露头角，本来是地方疫源性病原的 EMCV(脑心肌炎病毒)也开始走向世界。凡此等等，无不佐证了这一点。

二、生态学与生物环境福利

在第一节，我们用系统论去认识了猪的生物环境中与疫病最关切的猪-微生物系统的基本特点与规律。而生态学是研究生物与相关的周围环境的相互关系以及

生物与环境相互影响的规律性的科学，其方法论上是系统论在这一领域里的继续，通过生态学的视角，可以更深入了解猪的生物环境福利。

生物环境包括猪与其生息场所的动物、植物及微生物等生物的集合体，影响猪的生物环境福利的最大因素(除人之外)莫过于猪—微生物系统。因此，在讨论生物环境福利时，还是以该系统为中心展开，必要时旁及其他系统。

（一）环境对猪—微生物系统的生态承载力

"环境的生态承载力"这一概念已被众多国人接受，如同人们叹息中国人口过多一样，草原上家畜严重超载引起各方关注，因为它不仅造成草原严重退化甚至荒漠化，还形成劣草、毒草泛滥、鼠害横行、沙尘暴肆虐的恶果。

赖以生存的地球环境对于任何一种生物都有一个生态承载力的问题，当草场严重沙化时，人们注意到草场生态承载力；当臭氧层破坏时，人们注意到大气对污染的承载力；当干旱让亚马孙河要断流时，人们注意到热带雨林的承载力。但是，在猪疫病日趋增多，人畜共患病日趋频发时，人们该关注什么呢？

毫无疑义，环境对猪—微生物系统的生态承载力应提到议事日程上来。

1900 年，全世界人口只有 16 亿，而 2005 年已达 65 亿，100 年来，全世界人口几乎增加了 4 倍。1911 年，全世界约有 8 000 多万头猪，而到 2003 年，全世界养猪数量达到 9 亿多头，增长了 10 倍之多。家禽的增加更为迅猛，2003 年全世界有 166 亿只鸡，10 亿只鸭，2.7 亿只火鸡。这些数据表明：地球上的某些生物正在人为地

大量增加。

在20世纪70年代我国的围湖造田运动中，某处的村民大量迁往湖边，在人造田里种庄稼，结果招引了祖居湖心岛的田鼠大量随之迁徙至湖边，打洞做窝，以稼禾为食。村民奋起扑杀，一夜可虏获几千只硕鼠，虽持之以恒，但终无济于事，颗粒无收，还引发出血热流行。村民的大量迁入，田鼠的大量入侵，引起局域性生物群落变化，导致人们意想不到的后果，最终以村民全部撤离，田鼠回归湖心岛才相安无事。

一个小小局域性的群落变化，就使得这一区域内生态系统发生了剧烈的震荡，难道人类与相伴的家畜急剧增殖就不会使所依存的生态系统发生大面积的震荡吗？我国人口占世界人口的22%，而生猪存栏却占全世界生猪存栏的半壁江山。猪多，与之相伴的微生物也多。近20年猪病横行乃至殃及人类自身的事实是不是正在提示人们一个不可回避的问题：中国到底有多大的猪-微生物系统的生态承载力。

这是一个极其大胆的疑问。因为它关系到国民经济发展的总体规划，关系到农业产业结构，关系到养猪业的持续发展。我国仔猪平均死亡率高达20%左右，生物环境福利的低劣是最主要的原因。猪多，病就多，这已是不争的事实。为什么猪多病就多？人们可以罗列许多的道理，诸如农村散养模式问题、技术滞后问题、服务体制问题、引种带病问题、屠宰体制问题、集约化猪场的猪福利差的问题……但是猪与相关微生物互为环境的事实被忽视了，环境（主要是猪）对相关的病原微生物系统的生态承载力的问题却没有得到认知，这或许是我国目前养猪业频发疫情悲剧的重要根源。

(二)环境对猪—微生物系统的生态承载力是有限的

人类只知道发展生产，人为大量增加某物种或某些物种的数量，从未考虑物种大量繁衍会不会打破生态平衡。

从全国讲，每年出栏5.5亿～6亿头猪，存栏5亿头，死亡1亿头，总饲养量高达11.5亿头。这11.5亿头猪，在1年的时间内都要参与到人类生存的环境中，并且带来与之相伴的微生物群，这些微生物群中一些物种并非随着猪只的生命停止而消失，这种积累效应恐怕还是人类认识的盲区，况且，在积累之时，变异的发生是肯定的，使其积累效应更趋复杂性。存栏5亿头猪，占我国人口密度的38%，但是猪的生活面积有人口生活面积的38%吗？谁也没有估测过，凭直觉恐怕连5%也没有。

无疑，这形成了局域性猪的高密度。以现在流行的26 666 m^2地办一个万头猪场计，约6 000头的存栏猪生活其中，其密度之高可想而知，疫病频发似乎应在情理之中。野生状态下，仔猪长大了，母猪会将小猪撵走，自主开辟领地，这除了维护食物链的生态承载力外，还有防止因局域性密度过大酿成疫病流行的重大作用。当然，在人工饲养下，不可能做到这一点，但可佐证现有的饲养模式，猪—微生物系统中成员的量已大大超出了环境的生态承载力(当然不能回复到野生态，但应反思全国的这种生态承载力到底有多大，猪场的这种生态承载力有多大，怎样提高集约化猪场的生态承载力)。

(三)合理的生态饲养是最主要的生物环境福利

生物环境福利的最终目的是让猪生活得健康，不受疫病的侵袭与折磨。疫病的根源是病原微生物，没有

猪，就没有这些相关的病原微生物，这是空仓自然净化的基本原理。是不是有了猪，就一定会有疫病发生？显然也不是的。尽管疫病的发生受诸多因素的约束，但是猪多病多是不争的事实，饲养量的多少常成为疫病流行最主要的内因之一。许多有识之士已认识到这一点，将大存栏的猪舍改为小存栏的猪舍，由 500 头肥猪舍改为 200 头左右的猪舍；将一条龙的猪舍改为分点式猪舍，这无疑减轻了环境对猪—微生物系统生态承载力的压力，对疫病的控制起到至关重要的作用。

每头猪的饲养占有面积已有共识，但这种共识是否是建立在猪的稳态安全空间的概念上，仍值得深思。猪舍之间的距离，成功案例在 100 m 以上；分点饲养的猪场，点与点的最小距离在 1 000 m 以上，理想的应有 3 000 m 的间距；成功案例还要求猪场周边 5～10 km 内设有任何其他养殖场。可见局域性的饲养量对猪的生物环境福利是颇具影响力的。

这样的选址与猪舍布局对于个案或者局部是非常有益的，但是，对于全国或者建立养猪小区来说恐怕是办不到的。因为 1 个 10 000～50 000 头的猪场，照此匡算要占有稳态安全空间约$(40\sim95)\times10^{6}\ m^{2}$，全国要建 10 000～50 000 个这样的猪场才能满足现有存栏数，需土地 $4.5\times10^{12}\ m^{2}$，占国土面积的 1/2，因此不现实。

三、猪场规划设计与生物环境福利

既然合理的生态饲养量是影响生物环境福利的最主要的因素，并且，不仅仅与猪舍的载畜量有关，还与猪场周边几千米内的载畜量有关。因此，在讨论生物环境福利时，就必须首先涉及猪场规则与设计。作者在此仅对其理论与纲要作初步阐述。

（一）开环控制与猪场规划设计

所谓开环控制就是系统的输出量对系统控制作用不产生影响的一种控制方式。通过控制初始条件，使事物向要求的状态转移，并设法排除干扰，使系统不受干扰的影响，能准确无误地转移到目标状态。

在局域条件下，生猪饲养量对环境生态承载力的压力是与猪舍容量和周边环境中生猪饲养量密切相关的。实践证明，猪舍设计不合理，密度大，舍与舍之间间隔不合理，哪怕周边好几公里无其他生猪存在，生物环境福利仍得不到保障。四川一些大山区中，养殖户四周10多公里并无其他猪场，就因为自身环境太差，舍内密度太大，结果疫病仍然不断。反之，猪场本身设计虽尽合理，但周边环境太差，疫病流行，其生物环境福利也将无法保障。

可见猪场的规划与设计是保障猪的生物环境福利的初始条件。开环控制的理论就在于控制猪场规划设计这一初始条件，使猪舍内与周围环境中病原微生物的输出量（包括一定时间进化上的积累）对系统的控制作用不产生影响，即不会超出环境对它们的生态承载力。

目前有限的经验证明，下列部署可能是安全的，猪场实行三点式饲养，每点相距1 km以上，点内猪舍间距≥100 m，每舍容量为200头左右；猪场周边5～10 km范围内无其他生猪与畜禽存在。

开环控制旨在控制始动环节，因此，控制过程简单，稳定性好。

（二）猪场规划设计的优化

上述猪场规划设计中的数据是少数经验数据，也是比较成功的数据，但未必是最优化的数据。1个5万头

的猪场，要占用 95 km^2 的稳态安全地盘，在我国恐怕不现实。2030 年，中国人口将达到 16 亿，而粮食总产量是从 1958 年的 5.1 亿 t 的高峰下降到 2003 年的 4.3 亿 t。人口的增长与生猪增多无疑将加剧粮食消耗的缺口，城市化的进程又将占用大批耕地（据专家估计，只有 $1\,000.005\times10^8$ m^2 土地可供）。因此，猪场占有如此之多的土地是不具有普遍意义的。

作者认为，有必要开展这方面的优化研究，从系统目标、系统结构、系统环境的分析与模型化试验中找出最优化的方案，更要用同一方法，就全国的环境对生猪饲养量的生态承载力作出战略评估。

（三）猪场规划设计中应有闭环控制措施

所谓闭环控制就是系统的输出量对系统的控制作用能产生直接影响的一种控制方式。猪-微生物系统的稳态会受到内外许多随机因素的干扰，这些干扰会使系统的输出量对于目标的要求而言，产生出偏差，根据这一偏差，产生一个控制信号，从而可采取措施，及时纠正因干扰引起的误差，抵消扰动的作用，以维持系统的稳态。

目前，猪-微生物系统中最易患病的是呼吸系统与相关的病原微生物，而这些病原微生物的致病剂量要靠舍内空气中的尘埃。尘埃的多少与病原微生物的多少呈线性相关。在猪舍内安装微尘报警系统就可直观地控制。在开环控制中又安装闭环控制系统会使猪的生物环境福利得到更好的保障。

四、猪一微生物系统的稳态控制

维系猪—微生物系统的稳态并非易事，系统的驱动力与系统内外涨落因子众多，且随机性大，因此，仅靠开环控制与闭环控制还是不够的。要维护系统的稳态，还必须从以下几方面进行控制。

（一）增强猪体的非特异性免疫力

影响猪体的非特异性免疫力的因素诸多，其中非生物环境因素、营养因素、心理因素等留在以后讨论。

应用免疫调节剂，如黄芪多糖、酵母壁多糖、壳聚多糖、枸杞糖肽、牛膝多糖、猪苓多糖、蘑菇多糖等都是良好的免疫调节剂，从不同机理上增强机体的非特异性免疫力，对特异性免疫功能有增效作用，有的还有抗氧化、抗疲劳的作用，但需长期使用，方可有效。左旋咪唑只能对免疫功能低下的个体起免疫调节作用，对免疫功能正常的个体没有增强作用。

应用益生菌，可维护肠道正常的微生物相。用来自本场猪肠道分离出的主导细菌（如双歧杆菌、乳酸杆菌、粪链球菌等）制作的益生菌，对控制肠道微生物系统的稳态有积极的作用。如果用外来细菌（如蜡样芽孢杆菌、枯草芽孢杆菌等）制作益生菌，一旦引入猪肠道，无异于外来物种入侵，有可能打破肠道正常微生物系统的稳态，反而引起肠道正常菌群失调，由此引发的艰难梭菌（clostridium difficile）性仔猪肠炎已得到证实。

（二）做好特异性免疫

众所周知，猪-微生物系统有强烈的地域性，这是系统进化的条件之一——隔离的表现之一。因此，要做好猪场的特异性免疫，首先要了解本场的疫病病种，即疫病谱，并依据该病谱科学地制定免疫病种，即免疫谱。

为什么要制定科学的免疫谱？

免疫需要营养物质做物质基础。无论是免疫中产

生的免疫球蛋白，还是细胞反应中的细胞，均要消耗一定量的营养物质，特别是蛋白质与能量。免疫病种越多，消耗的营养物质越多，尤其是反复加强免疫中高水平抗体的形成，更要以大量的营养物质做基本原料。因此，制定科学的免疫谱，就可以省去非必要病种的免疫，也就可以节省营养物质，用于生猪的生长与繁殖。

免疫会发生免疫应激。免疫时除发生轻度体温升高，轻度厌食，沉郁等一般免疫反应外（也就是免疫应激），还会发生其他应激。这包括注射时的疼痛应激，猪群群体关系混乱（挣扎尖叫，跑动等）造成的应激等。这类应激无疑会损害猪体的健康，如果减少非必须免疫即可减少猪只的这种应激反应。

免疫会发生一系列的免疫抑制。除上述应激会发生免疫抑制外，新近研究证明，疫苗佐剂可直接诱发免疫抑制（美国 M. Hoogland 等，2003）。如果此时有疾病入侵，或者本来就潜伏在猪体内，就有可能使处于平衡相的疾病伺机发病。这或许就是有的猪场为什么进行口蹄病、黄白痢等疾病的免疫时诱发了呼吸障碍综合征的重要原因之一。

免疫之间的相互干扰。经典的事例就是三联苗免疫后抗猪瘟抗体的效价就不如猪瘟单苗价产生的效价。免疫间隔太短，前一种疫苗可能影响后一种的免疫效价。研究证实，传胸疫苗与肺炎支原体疫苗这种影响可能持续 2～4 周。因此，免疫谱过大，致使免疫间隔过短，会发生某种或几种病种免疫效价低下，乃至免疫失败。

免疫谱过大还将导致免疫成本增加。某些病种疫苗价格一头份就在几元至十几元，若非必需，将节省一笔不小的开支。

试图清除疫病将花费不小的成本。所有的猪场都希望不发生疫病，发生疫病后希望尽快得到控制与净

化。净化的含义包括两步的根除。第一步是在发生疫病后，立即全群接种疫苗，使全群建立及时稳定的免疫水平，成功根除野毒。第二步就是根除疫苗毒。

为什么要根除疫苗毒？因为，疫苗毒的存在必然要在场内传播，所有的场或个体在感染疫苗毒后，虽不发病，但要耗费营养物质形成免疫；其二，有的疫苗毒对胚胎仍有毒性，诱发隐性感染或迟发性感染。猪瘟疫苗毒是人人皆知的实例。

然而，清除疫苗毒是要花费大量成本的。以根除PRRSV疫苗毒为例。其一，一次引入PRRSV疫苗毒后，该毒在场内流行期至少16个月（西班牙J. V. Lopez，2004），16个月后所产仔猪才为PRRSV阴性。这一漫长时间均要浪费不少营养物质；其二，为了避免疫苗毒在生长猪舍持续存在，生长猪舍至少有部分必要的清群；其三，为了规避未检测到的而又带毒的猪把PRRSV疫苗毒传给阴性猪，必须对阴性状况实施一段时间的严密监控；其四，除定期血清学检测外，要淘汰阳性母猪，以及血检中有PRRSV基因片断的吮乳猪（德国P. Heller等，2004）。

（三）试析非必须免疫

时代的变迁，某些疾病的重要性正日趋衰微。

随着集约化养猪的发展，水泥地面取代了泥土地面，放牧成了圈养，抗菌药物的广泛应用，营养的改善，消毒措施的实施，使得原本是三大疫病之一的猪丹毒在猪场几乎销声匿迹，红痢也少见。随着哺乳料的优化，仔猪饲料酸化膨化等技术的应用，优质无抗营养因子蛋白取代普通大豆蛋白，高床产仔的普及与执行全进全出制度，仔猪黄白痢也不再是产仔房中令人头疼的事了。

至今仍将猪丹毒和红、黄痢作为必须免疫的猪场，应考虑改变免疫谱并优化免疫谱。

有关TGE。TGE曾在20世纪70～90年代是集

约化猪场的一大问题。几乎所有的猪场被波及。近10年来，TGE的发生逐渐减少，即或发生了，严重性、流行程度都大为减轻。

出现该情况的机理何在？Brim、Wesley（1994，1995）等人在20世纪90年代做了大量研究证明：在欧洲随着PRCV的广泛流行，TGE流行暴发急剧减少这一事实与感染PRCV能诱导肠主动免疫从而预防TGE感染有关。TGE的免疫大可省略。

有关链球菌病。链球菌病曾是20世纪70～90年代疯狂一时的疾病。该病的免疫在大部分猪场是天律戒条。即或如此，免疫失败仍不鲜见。其部分原因在于链球菌有32个以上的荚膜型，疫苗的荚膜型针对性不够，同时带有荚膜的细菌免疫原性弱（del campo，sepul veda等，1996）；疫苗灭活中导致保护性抗原降解或者抗原性丢失（Holt等，1990）。

事物的另一方面是猪链球菌是猪扁桃体的常驻菌，清除净化并非易事。但是，在控制密度后，可大大减少发病。发病后，有较多的药物是显效的，例如庆大霉素、阿莫西林、氨苄西林。当前，本病多呈散发。我们如果为了控制散发病例而动用全群免疫实为得不偿失（杨汉春，2004）。

有关猪肺疫。猪肺疫作为猪三大传染病之一的观点在我国至少持续了30年之久。目前猪肺疫作为独立的疫病出现在猪场虽极为少见，但是在剖检呼吸障碍综合征的病猪时，常可发现猪肺疫的病变，培养也常检出有多杀性巴氏杆菌。于是有的猪场在已排满的免疫谱上又塞进猪肺疫。事实上，即使做了猪肺疫的免疫仍不能改变原来的状况。

其道理何在？多杀巴氏杆菌一般不是造成肺炎的原发病原，多扮演继发参与的角色。Pijoan、Fuentes、Ciprian等人早在1978—1998年就指出，接种CFS苗、

PR 苗、EP 苗极易诱发多杀巴氏杆菌的再感染。

由于血清型多，难以找到有效的交叉保护抗原，所以疫苗效果不理想。但是健康猪的肺组织对此菌有极强的清除力，攻毒 30 min 后，很难从肺组织中分离到该菌(B. E. Straw，1999)。

因此，预防该病应从培育健康猪的方向努力，改善管理，全进全出、减少氨气，将气温变动和空气尘埃控制在最低限度，加上控制好猪场目前常见原发病、如 PRRS、PCV2、PR 等，该病将无隙可乘。

有关支原体肺炎。支原体肺炎发病情况的演变近 10 年来被人们炒作得非同一般，尤其是疫苗在临床应用与推出泰妙菌素后，大有将肺炎支原体列为呼吸系统疾病元凶的架势。作者从临床中发现，现在有典型性 EP 病变的猪不多见，剖检中多只存在少量轻微的 EP 病变，但致命的病变是其他相关疾病导致的，特别是 PRRSV、PRV、PRCV 流行后，肺炎支原体在发病中的地位应重新审视。

国际上有许多不用疫苗成功净化 EP 的经验，我们可以利用感染 M. hyo 后恢复的老母猪其携带 M. hyo 的可能性极小的这一控制疾病的自然有利条件来设计净化方案。1989 年，Zimmermann 等人采取移走小母猪，给老龄母猪在妊娠后期与哺乳期用泰妙菌素等药物拌料的方法，成功将 17 个瑞士猪场净化了 16 个。若加上早期断奶和严格执行全进全出等措施，效果会更好。

1994 年 Morrow 指出：在感染率低的猪群使用疫苗是不经济的做法。

（四）试析加强免疫

目前，危害猪场的主要是一些病毒性疾病，猪场将这些病毒列入免疫行列。所有猪场都特别重视种猪的免疫，从配种前开始，以至每一个生产周期，都要重复那似乎是天经地义式的免疫，似乎只有经过这些多次重复

的免疫,人们那颗被疫病扰乱或伤害的心才稍稍有点安慰与放松。

然而,作为病毒性疾病的免疫有自身的一般规律。那就是患病痊愈后,主动免疫持续期较长,有的甚至终生得到免疫保护;经弱毒疫苗接种,又经过加强免疫后,免疫力同样持续较长时间。已知的事实中有猪瘟免疫。如此经过3或4次猪瘟的有效免疫后,免疫力应持续终生无疑。有不少猪场的老母猪其猪瘟抗体效价已达到2 000以上,在如此高的抗体水平下再接种疫苗,疫苗抗原不是被中和了吗?这种免疫的意义值得怀疑。

又如,日本乙型脑炎。在蚊虫可持续全年活动的地区,大部分青年猪很早就具有主动免疫力。在蚊虫非全年活动的地区,在蚊季来临前用弱毒苗对青年母猪进行2次免疫即可,在此基础上,青年母猪成长为经产母猪岁月里,蚊虫会不断给它加强,何须人为劳神。

再如,细小病毒感染。有的猪场将该病的免疫持续到了经产母猪,其理由是保险。当人们深入了解PPV的特点后,就会改变这种观点。

PPV在全世界广泛存在,大部分小母猪在配种前已受到自然感染,并产生了主动免疫,甚至可持续一生(B. E. Straw,1999)。人们之所以要做免疫,就在于针对那些配种前仍未自然感染的小母猪,不留免疫盲区。早在1979年Mengeling等人就指出:一旦免疫系统首次接触了PPV,即使检测不出由疫苗产生的抗体,在怀孕期间再接触强毒也不可能导致经胎盘感染。

在现有的病毒疫苗中,亦有特殊情况,FMD苗即是。FMD苗的质量标准是抗原中的140S粒子(完整病毒颗粒)的含量应达到4.5～5.0 μg/mL,接种后可抵抗1 000个感染量的攻毒强度。但目前,我国生产的O型油佐剂BEI灭活苗,虽然安全,但只可耐受20个最小发病量的攻击。有学者曾用ELISA监测,有效抗体水

平持续 3～4 个月，若有必要，FMD 苗的加强频率应是很高的。浓缩苗可耐受 200 个最小发病量的攻击。

（五）制定科学化的免疫谱应遵循的原则

（1）危害性的原则。即指按疫病在本场的危害性（包括改变免疫谱或免疫程序后所带来的潜在危害性）排序。危害性大小的判断应以历年疫病诊断结论为依据，结合疫病给猪场带来的经济损失综合判断。

（2）病毒性疫病优先的原则。因为许多病毒性疫病比细菌性疾病难于预防与治疗。事实证明，首先是病毒入侵，再引起相关细菌继发感染。例如，PRRSV、PRV 可引发肺部病变，在此基础上有多种细菌继发性参加，加重了病情的复杂性。

（3）低成本原则。有的猪场 EP 稍严重些，那么能否使用 M. hyo 苗呢？而 M. hyo 苗一头份就要 10 余元，1 个万头猪场 1 年就得花费 10 万元来控制 EP，而在同时又存在 PRRS、PR 流行的猪场，这种措施未必奏效。何况有前文所述的少花钱控制与净化 EP 的办法，又何乐而不为呢？应从长远利益与多途径选择上体现低成本原则。

（4）相对性原则。制定好的免疫谱应是相对稳定的，不要在临床上发生一点小问题就任意修改。特别是病毒性疫苗不要今天用这个厂的，明天用那个厂的。在基因缺失苗比比皆是的今天，你的举措可能会招来病毒基因重组，届时你的猪场可能会陷入更加痛苦的灾难中。

（5）实践检验原则。制定好的免疫谱要在实践中检验，只有带来更好效益的免疫谱才是科学的。反之，应及时合理修正。

（六）基本免疫谱的制定

下面提出的可能是具有普遍意义的免疫谱且成本较低。

初产母猪(包括青年公猪):CFS、PR、PPV、JE、FMD。

经产母猪:CFS(只做到第2胎或第3胎)、PR、FMD

商品猪:CFS、PR、FMD

由于地域上的差异,猪场应在基本免疫谱的基础上做必要的加减,以期更符合自身的实际情况,从而体现猪的最大的生物环境福利。

(七)其他的配套措施

为了使免疫取得最佳效益,必须要有科学的配套措施,执行配套措施的目的就是要使得免疫的主体——猪,始终处于健康状态,这样免疫才能获得实际上的成功。

这些措施包括:防止免疫抑制综合征的发生,培育营养良好的个体。

1. 防止免疫抑制综合征的发生

净化EP:初产母猪与经产母猪分离饲养、产仔;妊娠后期与产后半月在饲料中添加支原净(100 mg/kg饲料)+强力霉素(50 mg/kg饲料);实施3周内早期断奶。

应用左旋咪唑:5 mg/kg体重,与饲料均匀混合后投喂,持续1周。首次应用应在30日龄左右,第2次在90日龄左右。或用替米考星按10 mg/kg体重,在断奶后头10 d和转栏后头10 d拌料投喂。

防止病原积累:关键在舍内彻底消毒,尤其是对尘埃进行科学消毒,应采取超低容量喷雾器,消毒药选用复合有机碘制剂,如喷雾灵等。

预防仔猪低温应激:这是仔猪保健第一要务。可采用各种保温措施,但以水暖地坪式保温专利技术实用价廉。

预防饲料中少量多种霉菌毒素污染对猪免疫功能

的影响:建议饲料中添加有效的霉菌毒素处理剂。

2.培育营养良好的个体

控制产程(3 h内),提高母猪泌乳力。

减少甚至消除断奶应激:使断奶后第1周日增重至少达到100 g以上,应用优质仔猪料并做好小环境保温防潮。

消除有害气体对呼吸道的危害:如应用丝兰属植物提取物和合理通风。

配制营养均衡的饲料。

做到小单元全进全出,合理减少密度等。

(八)维持猪-微生物系统稳态的其他措施

为了防止外来病原微生物物种的入侵,猪场应做好场区环境与门卫消毒、灭蝇、灭鼠、防野鸟野禽等工作。

五、维护猪的生物环境福利工作中的误区

维护猪的生物环境福利工作中的误区貌似在维护猪的福利,实质上是损害了猪的福利。加之,这些工作在习惯认识上是正确的,因此极具蒙骗性,养猪人一代代传承,成为猪场工作中的认识顽疾。

(一)清洁消毒工作中的误区

1.门卫消毒用紫外线灯　众所周知,人员带毒带菌主要在身体下部与双手,特别是鞋底,而这些地方恰恰是紫外线照不到的。适宜剂量的紫外线照射,可以诱导细菌、病毒变异。当今,细菌、病毒变异加剧与紫外线灯的滥用有关与否,值得深思。猪场员工经常受其照射,发生紫外线性眼结膜炎是常见之事,严重的可能诱发黑色素瘤、白内障。

2.对烧碱消毒液的错误认识　用于猪场门卫消毒池中的烧碱液,从配制的一刻起,NaOH就与空气中的碳酸气作用,生成碳酸钠。可见,烧碱液随放置的时间延长,有效浓度逐渐降低。但是,当人们穿胶鞋淌过消

毒池，待鞋面上液体蒸发干时，就会发现有一层白色粉末附在其上，人们以为是 NaOH 粉末，并以次推断消毒液仍然维持在 2% 的浓度。殊不知该粉末中有 Na_2CO_3，并且时间越长，Na_2CO_3 粉末含量越多，NaOH 含量越少。门卫消毒池可能成为虚设。

3. 开放环境消毒用福尔马林　福尔马林对眼有强烈的刺激性，人们就误认为它可以在任何情况下可杀灭病原微生物。福尔马林的消毒特点就在于它的穿透性。在密闭的环境中，当其分子挥发到空气中，就会随空气弥散到密闭环境的所有空间，可以穿透织物、墙壁、器具的缝隙中，到达一般消毒剂难以达到的地方发挥其消毒作用。不少猪场将其用于开放环境的消毒，如舍外的走道乃至空气的消毒，其实难以收到应有的效果。

4. 消毒剂品种单一，长期不更换　因为酚类消毒剂、季胺盐类消毒剂价格低，不少场家长期单一使用。现已证明有耐药菌株出现，并且这类消毒剂对病毒几乎无效（酚类）或部分无效（季胺盐类）。应该选用新型复合型消毒剂（以有机碘、有机酸、戊二醛等为主要成分）、新型氧化剂、新型含氯消毒剂为主力品种的消毒剂，每 3 个月交替 1 次。

5. 只注重消毒、不注重清洁　应在清洁的基础上再消毒。因为猪场的污染物，如尿粪、饲料残渣与粉尘、动物皮肤落屑、被毛等均是有机物，它们会阻止或削弱消毒剂对附着其内的病原微生物的作用。不少猪场只注重地面清洁，忽视栅栏、隔墙、天花板的清洁，其上尘埃满布，为病原的积累提供了良好的载体。

（二）不重视阻断传染环节

重视消毒杀灭病原，但不重视阻断传染环节。发生了附红细胞体病，只知道用药治疗，由于吸血的蚊蝇没有消灭，结果是发病不断。为了灭鼠，猪场养猫，结果发生了弓形虫病。猪场不仅不能养猫，而且要防止野猫入

侵，才能避免弓形虫病。

（三）过分依赖疫苗

认为接种了疫苗就万事大吉是有悖猪福利的。疫苗的保护是有条件的，是在一定攻毒量的条件下的保护。即或免疫非常成功，如果环境中致病微生物的攻击量超过疫苗的保护剂量，仍有发病的可能。FMD的普通苗只能抵挡20个最小发病量的攻击，而在实际生产中，环境中超过20个最小发病量的情况普遍存在，因此，就出现了接种普通FMD苗后又发生FMD的事情，即使使用了浓缩苗，也只能抵挡200个最小发病量的攻击。

疫苗接种后，猪体能否产生良好的免疫力还与猪体健康状况和免疫功能正常与否直接相关。因此，在免疫接种前就应培育健康的个体，接种后要防止各种应激，保持健康状态，做好环境的清洁消毒，防止病原积累。

（四）注重免疫，不重视监测

定期免疫监测不仅可以了解接种的效果，而且可以了解抗体的消长，对于制定正确的免疫程序有重大的指导意义。由于影响免疫效果的因素众多，通过免疫监测可及时知道免疫是否失败，从而找到原因消除之。如果监测表明，一个畜群疫苗抗体水平高，而相应病原为阴性，那么这批畜群就是净化的开始。

（五）由于疫病的肆虐，抗生素应用日趋泛滥

不少疫病的诱因在管理上，如高密度，舍内空气污染导致呼吸系统疫病发生；仔猪保暖不够导致腹泻。如果改进管理，改良环境可以在很大程度上减少发病乃至避免，从而避免使用抗生素。肠道疾病仍是一些猪场的多见病，多采用抗生素治疗，著作实践证明，应用酸制剂、酶制剂、中草药等可成功预防，亦有较好的治疗效果。

现今发生的呼吸系统疾病的病因复杂，发病机理也

复杂，临床上见到喘气时已发生混合感染，许多病理过程参与其间，如心衰、呼吸性碱中毒、代谢性酸中毒、感染性休克、弥漫性血管内凝血等，单纯用抗生素治疗是不可能治愈的，也是一种滥用。

长期饲用亚治疗量的抗生素以达到促生长的措施将被国际社会逐渐淘汰，耐药菌株产生所带来的负面效应，已让许多猪场敏感药谱越来越窄，乃至无药可用。

疫病的持续流行，导致长期饲服抗生素，形成药物依赖性，其病原菌并未被杀灭，一停药就发病。有的猪场仅饲服抗生素一项的费用就高达 33 元/头。

长期饲服抗生素可形成二次感染，即在形成抑制目的病原菌的情况下，诱发真菌或芽孢菌感染。如仔猪的白色念珠菌病（Candidiasis albicans ）、艰难梭菌性腹泻。二次感染的病程长、治愈率低、对猪福利形成新的威胁。

第二节　非生物环境福利

非生物环境即人们一般指认的环境，它包括猪场规划设计、栏舍设计、结构与质材、舍内设备配置、排污设置以及环境指标控制（气温、湿度、气流、尘埃、有害气体、光照、噪声、绿化等）。

环境的优劣与否，对猪福利的影响是巨大的，这在第二章的有关篇幅中已有论述。环境中的众多因素都是猪福利控制中的始动环节，这就突出了环境因素的控制在新建猪场与改造猪场中的重要地位。然而，环境因素控制的理论与实践远非畜牧兽医专业知识所能囊括的，需要其他边缘专业行家的参与，更何况对环境因素控制的具体事宜尚存在许多不同看法，有些做法是否适合国情都值得商榷，故本着“让猪生活得更舒适、更健康”的原则，结合自身的实践，参考国内外的有关资料，

力图阐明这些问题。

一、生产体系与规模的确定

（一）指导思想

现代规模化养猪生产，是工厂化流水线式（连续式）的生产，并且管理目标是为了获得最大的生产效益。这就决定了现代养猪生产有强制的计划性、有限空间的高密集性。这无疑有悖猪的生物学本性。加之攫取高额利润的商欲，使饲养量一扩再扩，不合理的生产体系与规模成为产生应激与疫病流行的温床。

考虑生产体系与规模应将环境对猪-微生物系统的承载力置于第一制约要素。国内外经验证明，适宜饲养量的原则可以简单的表示为养猪场的适宜饲养量为 2 500～5 000 头，最大饲养量不宜超过 5 000 头，即母猪群应不超过 550 头左右。

其他应考虑的制约因素是相匹配的资金、管理人员、技术力量、技术工人等。

（二）生产体系

规模化猪场中，有不同的生产体系，即生产工艺或生产流程。有的生产体系已成为制约养猪生产的瓶颈，甚至是危害猪福利的祸端。例如，单点式的生产体系，传统的一场三段式生产体系等。目前较为认可的是同场有间隔三点式（图 3-1）或异场二点式（图 3-2）与异场三点式（图 3-3）生产体系。

无论是同场三点式生产还是异场多点式生产，都体现了零混杂的原则，最适宜饲养量的原则、分阶段隔离的原则。使养猪生产中最脆弱的阶段——断奶后保育阶段的仔猪免受大猪所携带的病原微生物的侵袭，因此，生长更良好，整齐度更高。

①隔离的保育猪与生长育肥猪应做到全进全出。

②绝不准许不同批次的猪混杂并群。

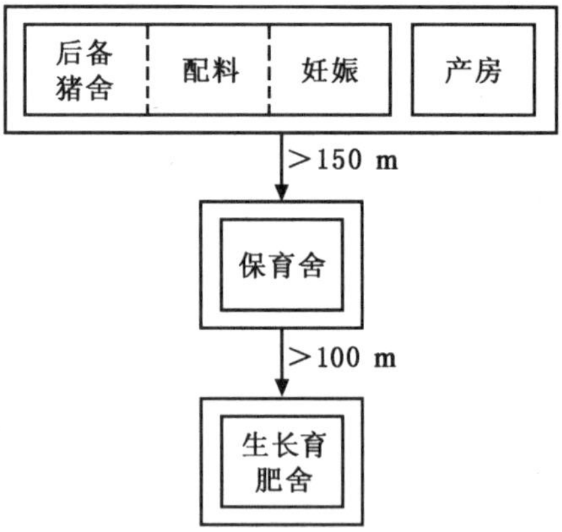

图 3-1　同场间隔三点式生产示意图

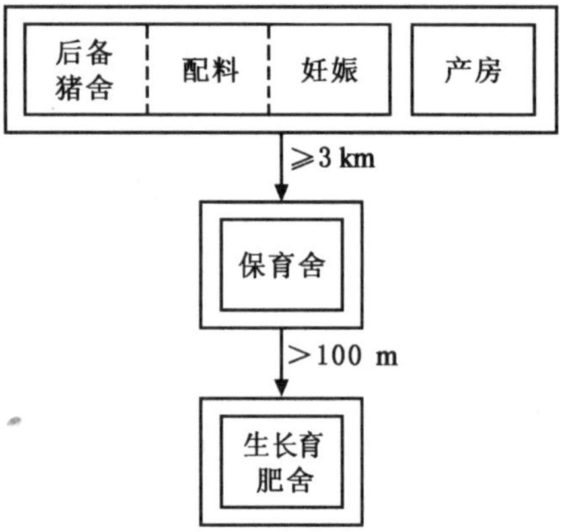

图 3-2　异场二点式生产示意图

③每周约有 200 头断奶仔猪进入保育舍，200 头大猪出栏。

二、猪场规划与设计

（一）指导思想

①充分考虑局域环境对猪-微生物系统的生态承载力，最大限度地防止外来疫病的传入，并以此指导选址、

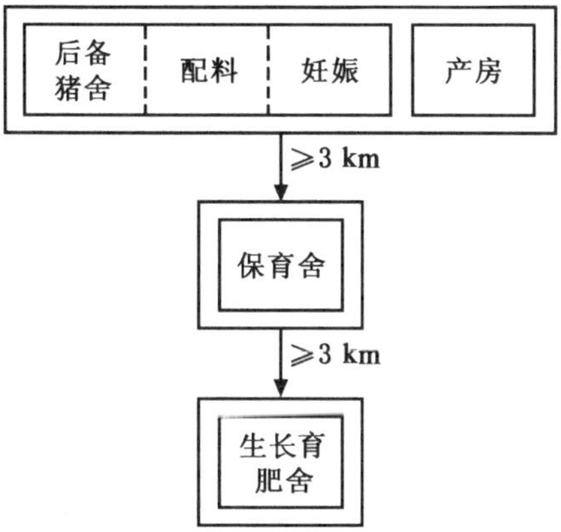

图 3-3　异场三点式生产示意图

场内布局。

②生产流程的路径要合理，栏舍间距要适宜，特别要有利于防止猪场内疫病的传播。

③操作方便，符合猪的生物学特性。

④价廉且栏舍性能符合专业技术的要求。

（二）场址选择

传统的选址观念认为只要地势高，通风良好，水源充足，供电良好，离居民区、交通线、其他养殖场 1 km 以上即可。在疫病横行的现今，不少成功的猪场将场址选择在方圆 3～5 km 没有人烟，没有其他养殖场的地方。正如本章第一节所论述的一样，这种选址理念是正确的，那就是考虑到环境对猪-微生物系统的承载力，对于猪场个案是可行的，但由于一个年出栏 1 000 头猪场要占用稳态安全空间 15～20 km^2，对于整个养猪业而言不现实。鉴于目前尚无这方面更有说服力的量化指标，作者还是将此推荐给新建猪场作选址参考。

(三)猪场设计与布局(以同场三点式模式,年出栏10 000头商品猪场为参考)

在猪场设计与布局中,有如下因素影响猪只的健康福利:

①场区面积必须足够大,至少以每头母猪占地80～90 m^2 计,至少应占地46 666.9 m^2 左右。

②为每种类型的猪群提供单独的、专门设计的猪舍。

③种猪舍与保育舍间距应大于150 m,保育舍与生长育肥舍间距应大于100 m,保育舍应在上风方向。

④种猪群中所有的非哺乳期母猪应在共同的猪舍环境下饲养。

⑤产房独立设计,以20个产位为1个产房。20头母猪分娩日期相差不超过1周。

⑥每栋保育舍载畜量为200～220头断奶仔猪,其日龄差不超过7 d。

⑦每栋生长育肥舍载畜量为200～220头。

⑧产房、保育舍、生长育肥舍均要设计成若干单元独栋,以便全进全出后空仓清洁消毒(清洁消毒后空仓时间不低于1周)。

⑨隔离舍应建在猪场下风口,离生产区间隔不低于200 m。

⑩粪便处理场所与病死猪处理场所均应建在猪场下风口,并尽可能远离生产区。

⑪上猪台宜建在离生长肥育猪舍300 m开外。最好在猪场生产区围墙外设一个售猪缓冲专门走道(走道应尽可能长),使生猪采购人员、司机和运输车辆远离生产区,并便于每次售猪后清洗消毒。

三、栏舍设计

栏舍设计与生猪福利密切相关,因为它是猪只的贴

身小环境。规模化养猪中，过分的商业运作使栏舍设计直接侵害了猪的福利，阻碍了生产性能的发挥，并诱发疫病的流行。

（一）规模化养猪中非福利型栏舍设计

（1）种猪全部实行定位栏。定位栏使种猪在整个生命过程中都生活在强迫体位中，失去了运动的自由、行为表达的自由、社交的自由，以及群体生活中相互学习的自由。由此形成心肺功能低下，抗病力下降，母性减弱，反常行为出现，肢蹄病增多，利用年限缩短等弊端。

（2）局域性高密度。其密度比圈养提高2～3倍，不利于疫病的防控。

（二）福利性栏舍设计

（1）取消后备母猪、妊娠母猪、种公猪限位栏，实行小群（2～4头）圈养（公猪除外）。后备母猪占栏面积1.5～2 m^2，孕前期母猪2.5～3 m^2，孕后期母猪3～3.5 m^2，空怀母猪2～2.5 m^2，种公猪6～8 m^2。

（2）设置户外运动场。每圈配有5 m^2 的户外运动场。

（3）栏舍地板最好抬空离地基不低于30 cm，为半漏缝板条式地板。

四、舍内福利设施

（一）保暖设施

主要供热的设施有热风炉、煤火炕道、空调散热片等，通过煤、天然气、电能等加热空气或水，再通过输送管道将热量送到猪舍以提升空气温度；局部供热主要用于产房仔猪保暖与断奶仔猪的保暖。常用设备有电热地板、红外线灯泡。水暖保温地板专利技术可为仔猪提供良好的保暖福利（详见第五章生猪福利饲养新技术）。

无论整体供热还是局部供热，均要求猪舍有保暖顶棚或天花板。

（二）降温设施

主要降温设备有冷风机降温、湿帘降温、喷雾降温。当舍内温度不太高时，用小蒸发式冷风机，降温效果良好。抽取深井水，采用房顶喷雾与湿帘结合的办法有利于高温气候时的降温。对于定位栏的种猪采用头后颈部滴水降温有助减少热应激影响。

（三）通风换气设施

可分为常压通风、负压通风以及管道正压通风。常压通风是利用窗户、门洞、天窗等形成空气对流来通风换气，若配有地窗，则效果更好，窗地比一般为1：10～12。负压通风是通过排气扇将舍内空气抽排到舍外，有纵向负压通风与横向负压通风两种。正压通风是利用风机通过管道向舍内强制输送新鲜空气。

（四）饮水加药装置

饮水加药装置可以方便群体性防应激与防疫病时的用药，亦可用于病猪的治疗给药。该装置分为重力加药装置与水力加药装置（又称自动加药器），它们均与饮水器相通，在供水管、加药装置与饮水器之间由三通与单向阀门相连。重力加药装置是利用加药桶中水的自身重力使其进入饮水器；水力式加药装置是先将100倍预防量或治疗量药液加入该装置的药物容器中，打开主供水管阀门，当猪只吸吮饮水器时，药液会与饮水自动按1：100的比例混合被猪只饮服。

（五）空气电净化装置

规模化养猪生产中，因密度大，多饲喂干粉料，又要注意保暖（冬季）与保持干燥，所以舍内尘埃浓度高。清扫后飞扬的灰尘，猪只皮肤的脱屑与毛发，以及饲料粉

尘等都会吸附上空气中的微生物与有害虫卵，使其猪舍内的尘埃具有强烈的生物学活性，成为病原微生物积累的良好载体。

猪舍空气环境质量指标应符合 GB/T 18407(农产品安全质量无公害畜禽肉产地环境要求)的规定，其猪舍空气卫生要求如下(表 3-1)：

表 3-1　猪舍空气卫生要求

猪群类别	氨 (mg/m³)	硫化氢 (mg/m³)	二氧化碳 (%)	细菌总数 (万个/m³)	粉尘 (mg/m³)
公猪	26	10	0.2	≤6	≤1.5
成年母猪	26	10	0.2	≤10	≤1.5
哺乳母猪	15	10	0.2	≤5	≤1.5
哺乳仔猪	15	10	0.2	≤5	≤1.5
培育仔猪	26	10	0.2	≤5	≤1.5
育肥猪	26	10	0.2	≤5	≤1.5

目前许多猪舍中总粉尘浓度一般都大于 1.5 mg/m^3，平均达到 14.8 mg/m^3，特别是冬季需要保温封闭，通风条件差时更甚。安装空气电净化装置可以较好地解决猪舍空气粉尘浓度超标以及有害气体污染的难题。

该装置产生的空间电场对半径＞2.5 μm 以上的气溶胶清除率为 80%～100%，粒径越大清除率越高；对占粉尘气溶胶总量 10%～20%，半径在 0.5～2.5 μm 的粉尘气溶胶清除率为 70%～80%；对半径＜0.5 μm 以下粉尘气溶胶几乎无效。从观感上看，猪舍环境洁净透亮，空气质量显著改善。尤其是在冬季，猪舍内气溶胶含量很高，空气污浊，开机 2～3 min 后空气即刻变得清亮透明，可明显提高仔猪、母猪采食量。可将妊娠猪舍，产房的粉尘浓度的全天总量控制在 1 mg/m^3 以下，肥猪舍不超过 3 mg/m^3，其他猪舍不超过 1.5 mg/m^3。

该装置对空气中微生物清除率达 80%，有关该技术详细介绍见第五章生猪福利饲养新技术。

（六）喂料设备

喂料设备必须设计建造合理，材质坚固，无毒无害，易于清洗消毒。该设备由喂料机与食槽组成。喂料机分固定式和移动式，固定式喂料机由饲料塔、饲料输送机组成；移动式即为手推饲料车。饲槽种类繁多，分为普通食槽和自动食槽。普通食槽多用于母猪、公猪，自动食槽多用于仔猪和生长育肥猪。食槽的参数应符合 GB/T 17824.3—1999 的规定，详见表 3-2。

表 3-2　食槽基本参数

种类	猪群种类	主要尺寸		
		高度（H）（mm）	采食间隙（b）（mm）	前缘高度（Y）（mm）
长方形金属自动落料食槽	培育仔猪	700	140～150	100～120
	育成猪	800	190～210	150～170
	育肥猪	900	240～260	170～180
圆形金属自动落料食槽	培育仔猪	620	140	150
	育成猪	950	160	160
	育肥猪	1 100	200～240	200
水泥自动落料食槽	培育仔猪	655	135	210
	育肥猪	850	210	210
铁铸半圆弧食槽	分娩母猪	500	310	

限量地面食槽	前缘高度（Y）（mm）	宽度（b）（mm）	外缘高度（C）（mm）	前栏距外缘内距离（d）（mm）	前栏距前缘内距离（e）（mm）
	150	460	250	110	230

（七）饮水设备

猪场的饮水设备有水槽和自动饮水器（鸭嘴式、碗式）两种形式。可根据不同阶段的猪来选择鸭嘴式自动

饮水器的规格以及安装高度(适宜的安装高度为齐肩或超过肩 5～10 cm,宁稍高勿低,向下倾斜约 15°安装;生长肥育猪装成高度可调节式更好)。鸭嘴式自动饮水器具有使用方便、能保持饮水卫生的优点。但是,由于是喷射式出水,猪只常常吞咽不及,有悖猪的自然饮水的本性,也造成了水资源的浪费,并且溅湿栏舍,不利于燥卫生。作者在实验猪场将水槽、自动饮水器与料槽有机结合成一体,有效避免了上述弊病。即将自动饮水器直立安装在半圆桶形水槽内,母猪只能用鼻吻突将饮水器拱压放水,从桶槽内自然饮水。另一种碗式自动饮水器具有相似优点,保育舍应用较多。

(八)可移动设备

包括冲洗喷雾消毒机、火焰消毒器、妊娠测定仪、背膘测定仪、各种磅秤、料车以及必需的兽医设备。

五、环境福利的质量要求

我国制定的农产品安全质量无公害畜禽肉产地环境要求(GB 18407.3—2001)是符合生猪生理福利的。

(一)猪舍内空气温度和相对湿度(表 3-3)

表 3-3　猪舍内空气温度和相对湿度

猪群类别	空气温度(℃)	相对湿度(%)
种公猪	10～25	40～80
成年母猪	10～27	40～80
哺乳母猪	16～22	40～80
哺乳仔猪	28～34	40～80
培育仔猪	16～30	40～80
育肥猪	10～27	40～85

注:①表中数值均指猪床床面以上 1 m 高处的温度或湿度。②表中所示范围为生产临界范围,超出这个范围,猪的生产性能可能会受到明显的影响。③成年猪(包括育肥猪)舍的温度,在气温≥28℃时,允许上限提高 1～3℃;气温低于－5℃时,允许下限降低 1～5℃。④哺乳仔猪的温度标准系数是指 1 周龄以内的生产临界范围,2 周龄,3 周龄和 4 周龄时下限可分别降至 26℃,24℃和 22℃。

(二)猪舍通风要求(表 3-4)

表 3-4　猪舍通风要求

猪群类别	通风量[$m^3/(h \cdot kg)$]			风速(m/s)	
	冬季	春秋季	夏季	冬季	夏季
种公猪	0.45	0.60	0.7	0.20	1.00
成年母猪	0.35	0.45	0.60	0.30	1.00
哺乳母猪	0.35	0.45	0.60	0.15	0.40
哺乳仔猪	0.35	0.45	0.60	0.15	0.40
培育仔猪	0.35	0.45	0.60	0.20	0.60
育肥猪	0.35	0.45	0.60	0.30	1.00

注:表中风速是指猪所在位置猪体高度的夏季适宜值和冬季最大值。在舍温≥28℃的夏季,风速可酌情加大,但不宜>2 m/s。

(三)猪舍采光要求(表 3-5)

表 3-5　猪舍采光要求

猪群类别	自然光照		人工光照	
	窗地比	辅助光照(lx)	光照时间(h)	光照强度(lx)
种公猪	1∶(10～12)	50～75	50～100	14～18
成年母猪	1∶(12～15)	50～75	50～100	14～18
哺乳母猪	1∶(10～12)	50～75	0～100	14～18
哺乳仔猪	1∶(10～12)	50～75	50～100	14～18
培育仔猪	1∶10	50～75	50～100	14～18
育肥猪	1∶(12～15)	50～75	30～50	8～12

注:辅助照明是指自然光照猪舍设置人工照明以备夜间工作照明用。人工照明一般用于无窗猪舍。

(四)猪饮用水质量(表 3-6)

表 3-6 猪饮用水质量

序号	项目	单位	自备井	地面水	自来水
1	大肠杆菌	个/L	3	3	
2	细菌总数	个/L	100	200	
3	pH 值	—	5.5～8.5		
4	总硬度	Mg/L	600		
5	融解性总固体	Mg/L	20 000		
6	铅	Mg/L	*IV* 类地下水	同左	饮用水标准
7	铬(六价)	Mg/L	*IV* 类地下水	同左	饮用水标准

(五)猪饮用水水质标准(表 3-7)

表 3-7 猪饮用水水质标准

项目		标准值
感观性状及一般化学指标	色(°)≤	30
	混浊度(°)≤	20
	臭和味	无异臭、异味
	肉眼可见物	不得含有
	总硬度(以 $CaCO_3$ 计)(mg/L)≤	1 500
	pH 值	5.5～9.0
	溶解性总固体(mg/L)≤	4 000
	氯化物(以 Cl^- 计)(mg/L)≤	1 000
	硫酸盐(以 SO_4^{2-} 计)(mg/L)≤	500
细菌学指标	总大肠杆菌群(个/100 mL)≤	成年猪 10,仔猪 1
毒理学指标	氟化物(以 F^- 计)(mg/L)≤	2.0
	氰化物(mg/L)≤	0.2
	总砷(mg/L)≤	0.2
	总汞(mg/L)≤	0.01
	铅(mg/L)≤	0.1
	铬(六价)(mg/L)≤	0.1
	镉(mg/L)≤	0.05
	硝酸盐(以 N 计)(mg/L)≤	30

（六）猪饮用水中农药限量指标（表 3-8）

表 3-8 猪饮用水中农药限量指标

项目	限值(mg/mL)
马拉硫磷	0.25
内吸磷	0.03
甲基对硫磷	0.02
对硫磷	0.003
乐果	0.08
林丹	0.004
百菌清	0.01
甲萘威	0.05
2,4-D	0.1

（七）猪场空气环境质量指标（表 3-9）

表 3-9 猪场空气环境质量指标

序号	项目	单位	场区	猪舍
1	氨气	mg/m^3	5	25
2	硫化氢	mg/m^3	2	10
3	二氧化碳	mg/m^3	750	1 500
4	可吸入颗粒(标准状态)	mg/m^3	1	1
5	总悬浮颗粒物(标准状态)	mg/m^3	2	3
6	恶臭	稀释倍数	50	70

（八）舍区生态环境质量（表 3-10）

表 3-10 舍区生态环境质量

序号	项目	单位	猪		
			仔猪	通用	成猪
1	温度	℃	27～32		11～17
2	湿度(相对)	%		80	
3	风速	m/s	0.4		1.0

续表 3-10

序号	项目	单位	猪		
			仔猪	通用	成猪
4	照度	lx	50		30
5	细菌	个/m^3		17 000	
6	噪声	dB		80	
7	粪便含水率	%		70～80	
8	粪便清理			日清粪	

（九）猪场水污染物最高允许日均排放浓度（表3-11）

表 3-11　猪场水污染物最高允许日均排放浓度

控制项目	五日生化需氧量（mg/L）	化学需氧量（mg/L）	悬浮物（mg/L）	氨气（mg/L）	总磷（mg/L）	粪大肠杆菌数（个/mL）	蛔虫卵（个/mL）
标准值	150	400	200	80	8.0	10 000	2.0

（十）猪场废渣无害化环境标准（表 3-12）

表 3-12　猪场废渣无害化环境标准

控制项目	指标
蛔虫卵	死亡率≥95%
粪大肠杆菌数	≤10^5 个/kg

（十一）猪场恶臭污染物排放标准（表 3-13）

表 3-13　猪场恶臭污染物排放标准

控制项目	标准值
臭气浓度（无量纲）	70

猪场须定期对各项环境参数进行监测，至少冬、夏各进行 1 次，据此做出环境福利的评价，提出环境福利改进措施。

第三节 营养福利

如同第二章所述的那样，无论是以前的传统养猪，还是规模化集约养猪，都存在生猪的营养福利问题，似乎规模化集约养猪中营养福利问题更广泛些，更值得人们的关注。

论述猪的营养福利，不是在研讨纯粹的营养学，而是力图将有关的营养学研究成果与猪的生物学特性以及人类养猪的目的有机结合起来，让生猪在为人类造福之时，生活得更舒适、更健康。

一、营养福利的内涵

营养福利不是纸上设计的营养，也不是人们主观认为的营养，而是实际被猪只摄入体内的营养，它具有如下内涵：

（一）均衡全面性

氨基酸营养中的水桶均衡原理应适用于各种营养素组成的营养概念，某一营养素的不足、缺乏、过量均会影响营养的整体价值。随着科学的进展，营养的全面性也在不断拓展。最新研究证明：铬是一种必需的微量元素，特别有利于繁殖母猪的福利，提高采食量与繁殖性能，减少母猪死亡率；全面的饲料配制应含有促进胰岛素分泌的有效成分；仔猪日粮中应含有适量的免疫球蛋白。

（二）均衡充足性

随着营养研究的不断深入细化，均衡充足性的内容不断在更新。例如，一般认为繁殖母猪日粮中铜的添加量为 5～10 mg/kg，研究表明，当铁的添加达到 80～120 mg/kg 的时候，提高铜的剂量至 20 mg/kg 对母猪

是有好处的。以往的哺乳母猪配方中，赖氨酸一般含量为0.8%，现在认为要达到最大限度的泌乳，这一水平是不够的，要提升到1.0%，赖氨酸与缬氨酸的比值应达到1∶0.9。

（三）特别注意应用净能概念与氨基酸的比值

以往在配方中使用消化能，因影响因素多，不能反映猪的能量利用的真实面目。第10版的美国《猪营养需要》中已列出了饲料的净能值，可作为配方设计中的参考。

（四）要符合高产性能的营养需要

现代基因型的猪，因生产性能的不断提高，对营养的需求也随之提高。在商品猪中后期日增重可以达到1 400 g的今天，日粮中普遍执行的消化能13.4 MJ/kg的能量是不可能满足其生长营养需求的。猪场一般购买复合维生素用以配料，但现有的复合维生素制剂均难以满足高产的需要，特别是母猪。例如烟酸，一般在饲料中含8～9 mg/kg，若添加到33 mg/kg，虽对母猪生产性能无甚改善，但可使产后MMA减少30%，还可提高在能量不足时的采食量，有利于猪的福利保障。

（五）要关注“延续效应”

营养水平可能在繁殖周期的多个阶段影响繁殖性能，但是，制定母猪的营养策略还必须考虑到长远的繁殖目标。因此，在探讨繁殖周期不同阶段的营养福利对母猪产生的影响时，考虑营养对整个繁殖周期产生的整体影响十分重要，此即营养的“延续效应”。它不仅在同一胎次的不同阶段（如妊娠期和泌乳期）产生影响，而且在不同的胎次也会发挥其作用。如妊娠早期饲喂量过多，会影响哺乳期的采食量与泌乳量。

(六)注重个性化营养

个体差异始终存在于生命世界，通过个性化营养可以有效地缩小个体差异，保护猪群中的弱小群体，更好地体现生猪整体福利与整体效益。

二、影响营养福利的因素

(一)饲料原料

高品质的饲料原料是营养福利的物质保证。饲料原料必须符合《国家饲料卫生标准》(GB 13078—2001)以及《无公害生产要求》；原料生产、加工运输过程符合无公害生产要求；尽量减少饲料原料中的毒性成分(霉菌毒素)，严禁使用霉变饲料原料；了解各种饲料原粮的真实的营养价值，控制抗营养因子(植酸、戊聚糖、β-葡聚糖等)；消除饲料原料中的毒性因子(棉酚、菜籽甙等)；严禁使用制药工业副产品(抗生素渣等)。

一些饲料原料在猪日粮中有其合理限量。其原因如下：

①适口性差，不易消化的饲料，如发酵血粉。

②粗纤维含量过高，用量过多会影响其他养分的消化率，如燕麦、糟渣类。

③用量过多本身造成浪费，如鱼粉、骨粉等。

④饲料中含有毒素，过量可引起中毒，如棉籽饼(粕)、菜籽饼(粕)等。

(二)饲料添加剂

能保障猪营养福利的饲料添加剂应是无农药残留、无有机或无机化学毒害品、无抗生素残留、无病原微生物且霉菌毒素不超标的产品。从而不会给生猪带来健康上的隐患，也不会给畜产品带来不安全的因素。

具体要求如下：

①应是我国农业部公布的《允许使用的饲料添加剂品种目录》所规定的品种以及有正式批准文号的新饲料添加剂品种。

②具有该品种应有的色、嗅、味和组织形态特征，无异味、异臭。

③长期使用或在使用期间，不应对猪产生急、慢性毒害作用和不良影响，对繁殖母猪不能导致生殖生理的改变，以至影响胎儿。

④对种用公猪不会导致生殖生理的改变。

⑤必须有确实的经济效益和生产效果。

⑥不影响猪对饲料的采食量和适合性。

⑦在饲料和猪体内具有较好的稳定性。

⑧在猪肉、内脏中的残留量不能超过规定的标准，不影响猪产品的质量和人体健康。

⑨对环境无污染。

⑩微生物、生物活性制剂必须在有效期内使用。

（三）饲料的加工、配制

即或是有合理的配方、有优质的饲料原料与饲料添加剂，如果在加工、配制过程中不讲究科学，也会影响到猪的营养福利。

如果配制预混料要注意以下几方面：

①配备专门的预混合机械。机型众多，但CV（变异系数）均不得大于7%，最好控制在5%以内。

②按进料秩序核对原料、准确称重。每批重量不得超过机械的规限。

③开机，让其空载运行1～2 min，以检查有无异常，无异常方可进料。

④先将载体的1/3进料，再将大比例原料进料，使其在机内被搅拌的原料占到原料总量1/2左右。

⑤再陆续加入比例小的原料。如果原料比例在1%以下，应先一次乃至多次进行预混合稀释放大，使其比例在1%以上，方可进料。

⑥注意维生素类原料不可与微量元素原料同混进料，中间必须间隔其他原料。

⑦最后将剩余载体进料，并计时，到规限时间方可进料。

（四）喂料量

规模化养猪流程中，有的阶段是必须限料的，有的阶段是不限料的。该限料的不限料或者不该限料的阶段限了料，都是不利于猪营养福利的。后备母猪若不限料就会长成肥猪，其负性的延续效应可能形成母猪被淘汰的后果；这种牺牲阶段性的福利，成就母猪繁殖的本能，无论是对母猪本身而言，还是针对业主而言都是无可厚非的好事，何况还有应用大容积饲料以消除后备母猪饥饿感的福利措施予以弥补。为了防止断奶腹泻与水肿病，不少猪场对断奶仔猪限料，这是不科学的。只要搞好早期教槽补料，加上合适的温度与卫生环境以及液态料的应用，就可以避免因限料带来的营养福利的损害。至于对育肥后期猪的限料也是许多养猪人不得已采取的措施，事实上，自由采食均衡营养的饲料更有利于瘦肉率的提高。

（五）采食量

采食量达不到猪只的生理需求量，无疑影响猪的营养福利。影响采食量的因素众多。是环境因素造成的，如高温、高密度、供水不足等，要改善环境；是疫病所致的，要治疗或预防疫病；至于普遍存在的哺乳母猪采食量较低的问题，可以通过提高饲料营养浓度和向饲料中添加诱食剂来缓解。在妊娠早中期不合理限料，将严重

影响哺乳期的采食量，这种人为造成的采食量减少应该是可以避免的。

（六）其他因素

（1）谨慎使用抗生素，如此可减少对抗生素的依赖性；对以抗生素作为促生长剂应用的猪场，应改变观念，改用无公害的促生长剂。例如，有机微量元素、有效酶制剂、中草药提取制剂，以逐渐适应与国际规则接轨。

（2）杜绝违禁添加剂。β-兴奋剂、雌激素、镇静剂等违禁添加剂，虽然有促长作用，但对猪只的脏器造成明显的伤害，有悖生猪的健康与福利，还会威胁人类健康。

三、营养福利的要点

作者无意对摆在我们面前的诸多饲养标准进行讨论，只针对规模化养猪中的某些营养福利问题进行探讨，以期在实际工作中完善生猪的营养福利。

（一）种公猪的营养福利要点

（1）以往人们常参照哺乳母猪的营养水平来饲喂公猪，但不能满足公猪特殊的营养需要。研究表明，公猪对矿物质和维生素的需要与种母猪是不同的。特别是在后备公猪培育中，为了铸就强健的肢力，钙和磷的水平比母猪要高，钙为1%～1.2%，磷为0.8%～1.0%，生物素为1.0 mg/kg。为了保证良好的生殖性能，日粮中锌、硒、维生素E、维生素C的含量应高于母猪。

（2）公猪的消化能需要量、蛋白质和氨基酸的需要量可参照相关饲养标准，如NRC等。但是有的猪场将其标准不合理提高，结果造成公猪性欲降低，体型过大，肢蹄软弱。公猪的体重为100 kg，150 kg，200 kg，250 kg，300 kg时，每日适合的生长率分别是0.5 kg，0.4 kg，0.3 kg，0.2 kg，0.1 kg，外源成年公猪的体重应控

制在 300 kg 左右为好，这样可避免配种时对母猪和公猪本身的伤害。

(3)为了保证良好的体型和强健的肢力，防止体型过大，必须对公猪限料。但是，限料会带来饥饿、异常行为和福利损害，因此，饲喂较大容积富含膳食纤维素的饲料(如苜蓿粉等)是必要的，这无疑有利于种公猪的健康、正常的性行为、福利以及繁殖性能。

(二)母猪的营养福利要点

(1)后备母猪必须限料，以保证良好的繁殖体型与体况。第 1 次配种时体重为 130～140 kg，背膘厚为 18～20 mm；妊娠早、中期都必须严格限料，同公猪一样，由此造成的福利损害可通过饲喂大容积饲料来解决。

(2)妊娠后期与哺乳期母猪的饲料中，消化能不低于 14.2 MJ/kg，赖氨酸不低于 0.9%，并可添加可预防贫血并提高血氧含量的功能性产品(如母乐健等)，有利于缩短产程与初生仔猪活力。

(3)现代基因型母猪生产性能提高，对维生素的需要量也增加了。据报道，维生素 E 应为 40～50 IU/kg；烟酸为 33 mg/kg；叶酸为 5～15 mg/kg；还应添加一般复合维生素制剂中不含的 β-胡萝卜素 50～100 mg/kg。

(三)商品猪的营养福利要点

(1)商品猪的任何阶段不应存在限料措施，其限料措施所要达到防腹泻或增加瘦肉率的目的可通过其他更有效的方法解决。

(2)关注合理的净能与平衡的氨基酸之间的比例并达到有效含量，让各阶段的商品猪发挥最大的生长潜能。

第四节　行为、社交与心理福利

猪的行为、社交以及心理活动多交织在一起，常常

互为因果，并受环境的制约。一种不良的环境条件，在伤害心理福利的同时，表现出异常行为。例如，关在定位栏中的妊娠早、中期的母猪，因限料首先感到饥饿，继而出现不安与烦躁，当欲望得不到满足、自由受限的情况下，在百无聊赖之中只有频频咬栅栏、打呵欠等借以发泄；在群养的后备母猪，如果是奇数，可能出现无友可交的单一个体，由此产生的自卑感诱发胆小或恐惧行为，采食落后，休息让位，导致配种时体重不达标，甚至害怕公猪，其行为、社交与心理福利损害可见一斑。鉴此，将猪的行为福利、社交与心理福利一并综述。

一、维护猪的正常行为、社交和心理活动

猪的正常行为、社交和心理活动是遗传、本能以及后天对环境适应的反应，它标志着生猪自我维护福利的能力，因此，人类在养猪生产中要主动维护这些正常行为、社交和心理活动。

当环境温度在适宜温度以下时，猪只会起堆睡觉，如果人为驱赶，它们还会再起堆。在环境不好转的情况下，驱赶是有损福利的表现。同样，在炎热天气里，猪只会睡在有水的地上，以求有歇凉降温的福利。

猪的采食行为亦有其特性，爱吃甜味食物，偏爱湿料，更喜欢粥状饲料。在饲料中添加甜味剂、饲以湿料更符合其福利特点。在群饲又非自由采食的情况下，出现强者抢食的行为是正常的，不能用驱赶强者的办法来维护弱者，而应通过增加料位或调整群体来解决。

猪群内有明显的等级性，强壮的猪占有优势地位，是优胜劣汰自然法则的体现，优势序列一旦形成，对维护猪群的安定和谐有重大意义。

应帮助仔猪巩固自洁行为。现代养猪生产中，母猪在限位栏中，仔猪无法从母猪那里学习到更多的东西，

当然包括自洁行为。然而自洁行为对猪体健康、环境福利、管理水平有重大影响，因此，从仔猪出生后第1天就应注意训练三角定位，当自洁行为得到巩固后，将会影响猪的一生。

仔猪、生长猪阶段，尤其是仔猪、小猪，玩耍行为表现突出。在栏圈中摆放石球、铁球、铁链任其耍弄是猪福利人性化的体现。

在世代驯化中，猪有亲近人的行为，如咬弄饲养员的衣裤，跟踪饲养员。人们不应反感，更不可恶意驱打。大凡有亲近人的行为的猪，生产性能都较优秀。

群养中最好是偶数，特别是在后备母猪培育中。交友中良好的社交关系有助于互相探究、学习以及避免病态心理的出现。

二、防止反常行为与病态心理

反常行为与病态心理的产生是由于人类剥夺了猪的原生环境，不适应人为的、苛刻恶劣的生存环境的表现。因此，养猪人要想防止反常行为与病态心理的出现，首先要做到认识上科学化，其次做到环境仿生化，让猪只生活在它们能接受的良好环境中。

取消后备种猪、妊娠母猪的限位栏，只在产房保留限位栏，将大大降低乃至消除刻板行为，这包括舔、摩擦、撕咬栅栏、空嚼、摇头、反复吮吸、摆弄饮水器以及连续打呵欠等。当然这要同给予足量的大容积饲料结合才会收到更好的效果。

除了训练仔猪的三角定位外，转群时应在新环境的指定排泄处留置它们的粪便；保持采食与休息区域的干燥；防止高温与低温和采取控制密度等措施可有效防止自洁行为紊乱。

控制密度，在栏内放置消毒过的红土，实行夜间并

栏合群可有效减少或避免咬斗、咬癖。

在断奶仔猪栏内放置洁净的垫草可预防自损行为（鼻腹相触）的发生。

猪场应专门设计一个饲养员的培训计划，告诉他们，人类对猪只的打、踢、大声叫骂等不良行为会导致猪害怕人类的心理，从而影响其生产性能。该计划的成功与否就在于能否成功改变饲养员对待生猪的态度，并付诸实施，在实施过程中还要反复警示与提醒他们，避免又回复到陈旧的认识和行为上。

三、防止公猪性行为低下

（1）青春期的种群环境对公猪性行为有长期重要的影响。7 周龄的预留小公猪就需要与种群接触，尤其要与其他的猪有触觉接触，并尽可能持续长时间地成群饲养。通过相互的探究学习，荷尔蒙等信息的传递将有助培养高水平的性行为能力。

（2）6～9 月龄的青年公猪与成熟母猪间要保持相距几米的充分的视觉接触，或者有栅栏分开的肌肤接触，并观看成年公猪与母猪的配种全过程，让其学习其行为，培养爬跨反应的方向感。

（3）饲养要合理，100 kg 以后防止过快增重，以免造成肢蹄负重过大，尤其是后肢虚弱。

（4）除了足够宽敞的猪舍外，要有专门的沙土运动场，每日运动不低于 1 h。

（5）配种地方安排在公猪舍或毗邻的配种舍，内有 1 头公猪带 4 头母猪的专门配种栏。栏内要干燥、平整、防滑、有足够大的配种空间。

（6）公猪舍气温不得超过 25℃。高温可减弱公猪性活动，持续高温影响 2 个月后的精液品质。

四、防止母猪性行为低下

(1)同青年公猪一样,青年母猪也应群养,在种群中培育高水平的性行为能力。

(2)后备母猪的饲养要严格限料,饲养要个性化,防止过肥与过瘦。以第1次配种时体重在130～140 kg,背膘厚18～20 mm。

(3)初情期前一、二周要有意识安排与发情母猪、种公猪近距离接触,并观看配种。

(4)群养的后备母猪每头占地不可少于2 m^2,每群以4～6头为宜。

(5)高温同样影响母猪性行为,发情不明显,排卵减少,可能发生因静立反应+高温的热应激,室内气温应控制在25℃以下。

第四章　福利养猪目标管理

本章旨在阐述如何用福利化的观念与措施养猪，使生猪在更舒适、更健康的环境下生活，以便更好地发挥其生产潜能，顺利地完成既定目标，为消费者提供更安全、更优质的猪肉产品。

第一节　公　　猪

一、目标管理

（一）目标

（1）对于后备公猪，应使其以自然的生长速度达到性成熟，而不是刺激它们早熟，如果以 NRC 标准来培育后备公猪，性成熟期为 200～210 日龄，体成熟应在 300 日龄，体重应为 165～175 kg。

（2）旺盛的配种力，即每周 5 次。

（3）精液品质综评大于 0.9（包括直线运动、强度、密度、畸形率等）。

（4）安全、有效的正式使用年限不少于 2 年。

（5）所配母猪胎均产仔数多于 11 头，并且无遗传缺陷。

（6）无肢蹄缺陷（外展、内收、X 肢型、O 肢型、卧系、变形蹄等）与肢蹄损伤。

（二）监测

（1）应定期称重。如果将公猪体重划分为如下阶

段：100 kg、150 kg、200 kg、250 kg、300 kg，那么，每阶段到下阶段的体重增长速度（每日计）为 0.5 kg、0.4 kg、0.3 kg、0.2 kg 和 0.1 kg。

（2）定期（每月 1 次）检查精液。

（3）做好配种与生产成绩记录。

定期监测的目的是要及早发现问题，寻找原因，及时解决问题。

二、后备公猪培育

（一）培育环境

（1）6 月龄以前的种公猪应尽量延长群养时间，以培育正常的性行为能力和充分协调的配种反应。6～10 月龄的青年公猪单栏饲养应保证有与性成熟母猪近距离接触（如在有栅栏的条件下望见母猪，甚至可以用鼻端触及母猪）的权利。

（2）公猪栏面积不小于 8 m^2/头，最小占地为 6 m^2/头，适宜的温度为 15～25℃，超过 30℃的高温，对后备公猪发育不利。湿度应控制在 60%～70%，氨气浓度应控制在 25 mg /L 以下。

（3）地面应防滑，有 2%的坡度，便于清洗，不滞水，不损伤肢蹄。

（4）设置运动场，场地应为泥沙土，平坦。

（二）营养福利

目前猪场中，公猪淘汰率为 40%～60%，这种非正常淘汰的原因多是公猪增重过快与体型过大，其锋芒直指营养过剩和缺乏运动锻炼的弊端。研究表明，日粮营养水平会明显影响后备公猪的生长与成年体型的大小，除非营养严重不足，否则日粮营养水平对公猪的繁殖力几乎没有任何持续的不良影响。

(1)30～75 kg 阶段饲以生长猪前期料，自由采食。

(2)75 kg 以后饲以后备公猪料，主要营养成分建议为：消化能 12.9 MJ/kg，粗蛋白 15%，可消化赖氨酸 0.7%，钙 1.0%，非植酸磷 0.45%，盐 0.4%；日粮中应含有适量的有机锌、硒、铁等(主要营养成分均为参考值，实际生产中应依季节、品种、环境等不同由配方师作及时合理调整，可参考 NY/65—2004 猪饲养行业标准，下同)。日供(2.3±0.2)kg(为总食量的 0.8～0.85)；另供 1.0～2 kg 优质青饲料为佳。

(3)严禁饲用发霉原料，应常规添加霉菌毒素处理剂，不宜使用棉籽饼粕。

(4) 75 ～ 100 kg 体重之间，日增重应控制在 0.55 kg，100～150 kg 体重的日增重应控制在 0.5 kg，150～175 kg 体重的日增重应控制在 0.4 kg。

(三)日常管理福利

(1)每日至少自由运动 1 h。夏季在清晨或傍晚，冬季在中午。

(2)每周用铁梳梳摩全身 2 或 3 次，每次 15～20 min，做到人、猪亲和。

(3)当日龄达到 200 d 时，应开始调教后备公猪。让其观看有良好性行为的成年公猪配种的全过程；并选择刚配种还愿接受公猪再爬跨的经产母猪让其后备公猪训练性反应与爬跨，对爬跨方向感错误的后备公猪应及时轻柔驱开，反复调教。

(四)保健福利

(1)在蚊虫季节性出现的地区，应在蚊虫活动季节前 1 个月(如湖北、江西等在 4 月份)接种乙脑疫苗，在蚊虫常年活动的地区应在运输回猪场前，于产地接种乙脑疫苗。进场稳定 2 周后，应完成猪瘟疫苗接种，视当

地疫情选择性接种伪狂犬疫苗、口蹄疫疫苗、衣原体疫苗、细小病毒疫苗。

(2)每半年进行1次针对性抗体监测,以确保必须免疫病种的抗体水平合格。

(3)有布氏杆菌病的猪场,应在配种前1个月血检,淘汰虎红平板试验2次阳性的公猪;有传染性萎缩性鼻炎的猪场,对有鼻部变形、鼻出血的公猪坚决淘汰,对有泪斑、喷鼻的隐性病猪,应做PCR检测,淘汰阳性后备公猪。

(4)在配种前发现不明原因的睾丸肿大的公猪,可在阴囊颈部注射地塞米松、青霉素与普鲁卡因合剂治疗,1 d 1次,连续1周,其后连续检查精液2个月,合格者方可投入生长,否则淘汰。

(5)对性欲较差的公猪应寻找原因,特别注意一些疾病的隐性感染,如乙脑、衣原体、蓝耳病等。蹄部病变也是性欲差的常见原因,权宜之计是在配种前15 min注射175 μg氯前列烯醇,但在夏季慎用。

(6)配种前两次驱除体内外寄生虫(驱虫药应选用安全性高的伊维菌素等,且体内外寄生虫分开驱除,该驱虫方案下同),舍内无蚊、蝇、鼠害。

(7)禁止在公猪舍施用福尔马林,慎用酚类消毒剂以及酒精。

三、配种公猪(更多基于本交考虑)

(一)环境福利

基本同后备公猪。应有专门公猪舍,舍内可采用1∶4的配种栏(即栏内有1头公猪和3~5头母猪的单体栏,另外还有8 m^2以上的配种栏);若有专设配种舍,舍内亦同样应设专门的1∶4的配种栏。禁止在公猪栏内配种。实践证明,已投入生产的公猪应饲养在单独的公猪舍，待配母猪应到公猪舍的配种栏(1∶4)内配种，这种方式经实践证明比较贴近猪的繁殖行为。

配种栏应干燥、防滑，无尖锐突起物，以免伤害公猪。配种栏长宽不宜小于3.9 m。

(二)营养福利

建议的日粮主要营养成分为：消化能13.3～13.8 MJ/kg，粗蛋白16%～17%，可消化赖氨酸0.75%～0.8%，钙0.7%～0.8%，非植酸磷0.35%～0.45%，食盐0.4%～0.5%，适量的有机锌、硒、铬、铁等。日供2.25 kg左右(依配种频次与个体大小适时调整)。

限饲是公猪管理中的重要措施，为了增加饱感，避免饥饿感引起的反常行为，将日粮中的膳食粗纤维(以苜蓿干草、麦麸、玉米酒精糟等原料提供的纤维素和半纤维素等成分，以下简称粗纤维)提高到8%是必要的，另配以1.5～2 kg优质青饲料。

(三)日常管理福利

(1)初配使用1年中，每周配种不宜超过2次；成年后，每周配种不宜超过5次。配种后可另给2个熟鸡蛋(生鸡蛋中有抗胰蛋白酶，且含多量沙门氏菌)或100 g优质鱼粉混饲。

(2)配种时，应有专人看护，必要时给予人工辅助，特别是在母猪移动较快或不愿交配，公猪爬跨过猛、阴茎插入不顺利，地板光滑，公猪过大母猪下蹲的时候需要及时有效的人工辅助，防止对公猪、母猪造成伤害。其他事项同后备公猪。

(3)目前实施人工授精很普遍，由于剥夺了与母猪的直接交配福利，因而在采精时与采精前后应给予公猪细心的关照。其操作事项可参考相关书籍。

（四）保健福利

（1）及时修蹄。随着年龄的增长，公猪常出现变形蹄，如扁蹄、蹄趾过长、悬趾过长、芜蹄等，及时修蹄可保证后躯正常姿势、肢姿与蹄姿，有助延长交配的时间与公猪使用年限。

（2）避免发生关节疾病，特别是传染性关节炎，如链球菌病、副猪嗜血杆菌病、衣原体病、支原体病等，对肢蹄皮肤损伤要早发现早治疗，避免肢蹄感染的发生。油剂疫苗接种后，要注意注射部位是否发生脓肿，若发生要及时处理，避免散播到肢体关节。

（3）防止性器官的损害，禁止用有性器官损害的公猪从事交配。

（4）发现自淫、早泄、阳痿的公猪要查原因、早治疗。

（5）每半月应清洁包皮内分泌物，防止棒状杆菌等细菌的隐性感染或带菌，进而防止母猪尿路感染引发的繁殖性能下降。

第二节　后备母猪

一、目标管理

（一）目标

（1）7～8月龄90%以上能正常发情。

（2）初配时，体重达到130～140 kg（初配时间为第2或第3次发情）。

（3）P_2 为18～20 mm。

（4）无肢体、乳房、乳头缺陷与损伤，无泌尿生殖道感染。

（二）监测

现代基因型的母猪，达到性成熟与体成熟时的体重

更大，但采食量变小，对营养失衡更敏感。其“延续效应”明显，持续时间长。因此，后备母猪培育过程的监测很重要。很多国家，母猪更新率达到 40%～50%，在最初两胎被淘汰的母猪中，50%是由于不能发情和受胎，另外 10%是肢蹄病。

监测可分 3 个阶段进行，即 60 kg 时 P_2＝7 mm，100 kg 时 P_2＝12 mm，130 kg 时 P_2＝18 mm，100～140 kg 的日增重控制在 630～680 g。

在 180 日龄时，要对肢蹄、乳房（母乳无乳池，仅有乳腺，故不能称“乳房”。为方便理解，作者仍沿用俗称“乳房”。）、乳头、阴户做出评审观察，决定种用与否。

二、环境福利

（1）未达到 90 kg 体重前最好群养，每栏 4～6 头，每头不少于 2 m^2，应设有室外运动场。

（2）达到 90 kg 时，转入配种舍单栏饲养，以适应环境，并可以与成年母猪、公猪有近距离的接触。在头 2 个情期有观摩成年公母猪交配的机会与权利。

（3）舍温尽量控制在 15～28℃，舍内氨气在 25 mg/L 以下。

（4）没有鼠害、蚊、蝇干扰。

三、营养福利

许多猪场没有后备母猪专用日粮，但是后备母猪日粮既不同于妊娠母猪的日粮，亦不同于哺乳母猪的日粮。

（1）30～75 kg 用后备母猪前期料，主要营养成分建议为：消化能 1.25～1.3 MJ/kg，粗蛋白 16%～16.5%，可消化赖氨酸 0.75%～0.85%，钙 0.9%～1.0%，非植酸磷 0.45%～0.5%，食盐 0.35%～0.4%。另外保证每千克配合饲料中：生物素 0.3 mg，

叶酸 3～4 mg，维生素 E 35～45 IU，有机铬 200 μg（以铬计），有机硒 0.3 mg（以硒计）。

（2）75～140 kg 改喂后备母猪后期料（主要营养成分浓度比前期下调 5%～8%即可，特殊维生素与有机铬、硒等不变）。

（3）限食阶段日粮中应有较多的大容积原料（如苜蓿干草），粗纤维 7%～9%。

（4）禁止使用霉变的饲料原料，常规添加霉菌毒素处理剂。不宜使用棉籽饼粕。

四、日常管理福利

（1）75 kg 体重以前可自由采食；75 kg 体重以后应限制采食，日料量（2.3±0.3）kg，分 2 次喂给。2 次投料之间可给予优质青饲料 1.5～2 kg。

（2）通过个性饲喂，控制膘情与体重。超重超膘斟减，反之应斟增料量。

（3）初配前 1 周，应将日粮逐步增加到 3.5 kg，以求短期优饲促多排卵。

（4）75 kg 后，每周 2 次按摩乳房、按压腰背，每次 10 min，以促进发情，适应配种。

（5）每周驱赶成年公猪在母猪栏前走动 2 次，每次 30 min。

（6）对到期不发情母猪，可与刚发情母猪并栏饲养，或放置在 1∶4 的配种栏内用优良公猪与母猪接触诱情。

（7）在做清洁时，应同时驱赶母猪到运动场运动。

（8）地面要干燥、平整。防止打滑形成肢蹄外展等缺陷。

（9）栏内可放置少量干净稻草或干净红土，供其咀嚼玩乐。

五、保健福利

(1)外购的后备母猪，在隔离观察1个月认为安全后，应将其饲养在可与本场老母猪接触的环境中，或与老母猪新鲜粪便接触1～2个月，以适应本场的微生物群，与它们建立稳态。

(2)在蚊虫活动季节到来前1个月进行乙脑免疫。在配种前2～3个月完成猪瘟加强免疫与细小病毒疫苗的接种，并视本场疫情有选择性地接种伪狂犬疫苗、口蹄疫疫苗、衣原体疫苗。

(3)有胸膜肺炎放线杆菌病、链球菌病、副猪嗜血杆菌病、支原体肺炎流行的猪场，应每月有1周应用加药或加功能性产品饲料，如添加支原净125 g+强力霉素150 g/t，或者三合一产品(干酵母菌1 kg+低聚木糖0.2 kg+免疫多糖类产品1～2 kg，以上混合加入1 t饲料中)。保持后躯清洁，防止泌尿生殖道感染。

(4)引进后备母猪，在进场2～3周后驱虫1次，转入配种舍再驱虫1次。

(5)禁用氯霉素、磺胺类、喹啉等治疗药。

(6)慎用酚类、福尔马林类消毒药，禁用有机磷、有机氯杀虫剂。

(7)及时淘汰病残、超期3个月不发情，经人工处理3次配不上的后备母猪，淘汰有泪斑、歪鼻、流鼻血并经检验认有萎鼻的后备母猪。

第三节　妊娠母猪

一、目标管理

(一)目标

(1)情期受胎率≥90%，分娩率(分娩数/配种

数)≥85%。

(2)理想健仔数10～12头/窝,初生重1.3～1.6 kg,断奶时个体重均差≤0.5 kg。

(3)病、伤、死年淘汰率≤10%。

(4)平均使用年限≥7胎次。

(5)无显性或隐性乳房水肿,无泌尿生殖道感染以及肢蹄损伤与缺陷等。

(二)监测

(1)应在配种后第21 d,第40～45 d观察有无再发情,若有发情表现,应认真确定后转入配种舍。可在第35 d用多普勒超声波诊孕仪监测。

(2)妊娠70 d后要注意母猪腹围变化,若腹围不增大或反而缩小,要警惕胚胎吸收或木乃伊、死胎形成,特别是存在繁殖障碍的猪场可用诊孕仪监测。

二、环境福利

(1)配种后21 d内单栏饲养,视认受孕,至妊娠70 d内可群养,70 d后应减为2头一栏。

(2)舍温控制在10～25℃,氨气浓度<25 mg/L。

(3)防止滑跌、打斗以及机械性损伤造成的流产。

(4)保证充足的清洁的饮水,饮水器流量≥2 L/min。

(5)没有鼠害及蚊、蝇干扰。

三、营养福利

(1)妊娠料的营养要求　消化能12.3～12.6 MJ/kg,粗蛋白13.5%～14.5%,可消化赖氨酸0.55%～0.6%,钙0.9%～1.0%,非植酸磷0.45%～0.5%,食盐0.4%～0.5%,膳食粗纤维7%～8%。

(2)建议添加有机硒、铬、铁与丝兰宝、免疫多糖等

功能性添加剂。

（3）原料不可发霉变质，必须添加霉菌毒素处理剂，以吸附处理肉眼不可见的毒素。

（4）禁用未脱毒的棉（粕）饼、菜籽（粕）饼。

四、日常管理福利

（1）实施 1∶4 栅栏诱情技术（详见第五章）。

（2）实施补饲催情技术，配种前 4～6 d，日供哺乳料 4～4.5 kg。

（3）适时配种，以发情后出现静立反射为配种时机。二元母猪最好实行二重配，即 2 次交配用不同公猪，本交间隔 12 h，人工授精间隔 16 h。

（4）配种后单栏饲养 21 d，日喂妊娠料 1.8 kg。视认受孕后，可 2～4 头混群饲养。将未配上的母猪返回配种栏待配。

（5）严格控制料量，妊娠第 22～70 d，日饲 1.8～2.0 kg；第 71～95 d，日饲 2.8～3.0 kg；第 95 d 至临产前 1 d 日饲 3.0～3.2 kg。分 2 次饲喂。

（6）每日 1 次优质青绿饲料 1.5～2 kg。

（7）若为混群饲养，每次清洁时，应轻柔地驱赶母猪运动。

（8）母猪群体足够大时（500 头以上）可试行分胎次饲养技术。

（9）栏内放置少量干净稻草或干净红土，任其咀嚼玩乐。

五、保健福利

（1）没有特殊疫情，妊娠期间前 80 d 内禁止使用任何疫苗。

（2）配种完毕，每头常规注射黄体酮 20 mg，隔日 1

次，连续 2 次。

(3)注意流产、早产的母猪是否排净胎儿与胎衣，且一律要抗感染处理 3～5 d。

(4)对有先兆流产的母猪(精神不振、喜卧、阴户红肿有黏液流出，有时可挤出乳汁，但未到预产期)应单栏饲养避免应激，注射黄体酮 30 mg 保胎，隔日 1 次，连续 2 或 3 次。

(5)对于发生便秘的母猪，应寻找其原因且消除之。

(6)产前 3 周驱除体内外寄生虫，禁用可诱发流产的驱虫药，如左旋咪唑，敌百虫等。

(7)有厌气梭菌感染(母猪突发腹部鼓气、皮肤苍白、喘气、高度沉郁)与急性肺部感染史(突发高热、高度呼吸困难、鼻孔有淡红色泡沫状鼻露)的猪场，应在妊娠期间将饲料酸化，或给予酵母类益生素，或脉冲式交替给予支原净 125×10^{-6}＋强力霉素 250×10^{-6}。

(8)每周载畜消毒 2 次，最好用复合有机碘制剂或复合醛制剂。

(9)产前 3～4 周可常规添加“母乐健”等。

第四节 哺乳母猪

一、目标管理

(1)产程在 3 h 以内，产仔间隔不超过 15 min，白天分娩比率在 60%以上，无产后厌食症，无产后便秘。

(2)保证品质优良的初乳，内含囊括本场现有疫病或免疫病种的各种高水平抗体，这样方能有效地保护仔猪免患这些疫病。

(3)所有乳腺充分发育，有理想的泌乳量，21 日龄仔猪的平均体重≥6.5 kg。

(4)泌乳期掉膘应≤10 kg。

(5)断奶后母猪 7～10 d 发情率≥90%。

(6)哺乳期无乳症、子宫内膜炎、乳房炎发生率≤1%。

(7)母猪伤残淘汰率≤1%。

二、环境福利

(1)进猪前 1 周,必须空栏、清洁、消毒。

(2)舍温控制在 12～22℃,冬季舍内空气流速不低于 0.2 m/s。

(3)采用水料同槽福利技术(详见第五章)。若为水料槽分离,饮水器流量≥2 L/min,且水压力不宜过大,饮水器安装高度要适宜,于母猪右上方抬头即可接触处。

(4)保持栏内地板干燥,禁用水冲洗,铲除干粪,用干净拖把处理弄湿的地板。

(5)减少噪声,保持安静。

三、营养福利

(1)哺乳料的主要营养成分建议:消化能 14～14.5 MJ/kg,粗蛋白 16.5%～17.5%,可消化赖氨酸≥0.9%,可消化缬氨酸≥0.80%,可消化蛋＋胱氨酸≥0.56%,可消化苏氨酸≥0.6%,钙 0.9%～1%,有效磷 0.45%～0.5%,食盐 0.5%,亚油酸≥1%。

(2)保证日饮水量不低于 30 L,最好是槽内自由饮水。

(3)为了保证能量,应添加磷脂、高亚油酸脂肪粉;为了增加采食量,可添加乳制品如巧克力粉、酵母培养物等;为了防止便秘,可添加低聚木糖与纤维浓缩物等功能性产品。

(4)严禁使用霉变的饲料原料,且应常规添加霉菌

毒素处理剂。

(5)哺乳期在饲料中可添加“促乳盛”等促进泌乳的功能性产品。

四、日常管理福利

(1)由妊娠舍转来的母猪,必须清洁、消毒后方可进入产房。先用水扫洗蹄部,再用常压水流冲洗后躯与下腹,抹干。最后用复合有机碘或复合醛消毒剂喷雾除头部外的所有部位,以猪体表被毛上见雾滴但不滴下药液为度。

(2)分娩前 2 d 开始减料,首日减 1 kg,分娩当天最多只给 1 kg,分娩第 2 d 给 2 kg,以后每日递增 0.5～0.75 kg,第 5 d 自由采食,日喂 4 次。断奶前 2～3 d 可酌情减料,日减 0.5～0.75 kg,断奶当日只给予 2 kg。

(3)保护母猪的乳房和乳头。要让尽量多的乳头被仔猪均衡吸吮,尤其是头胎母猪,避免未被吸吮利用的乳头及乳腺发育不良,影响泌乳力。因此,当活仔数少于母猪有效乳头数时,应训练部分弱小仔猪吮吸 2 个乳头。围栏、漏缝地板应平整圆滑,以免造成乳头与乳房的擦伤。

(4)适期断奶(21～28 日龄)。断奶后母猪即可合群,并继续喂给哺乳料,每日 4～4.5 kg,直至发情配种,配种后改为妊娠料,按妊娠母猪管理。

(5)分娩前 3 d 用 45℃热水浸泡拧干的毛巾按摩乳房,每日 1 次,每次 15 min。

(6)严禁当着母猪的面摔死弱小仔猪。

(7)断奶后先轻柔移走母猪,减少其可视仔猪离开之痛苦。

五、分娩期的保健福利

(1)分娩前后 7 d,建议添加前述三合一功能性产

品。适时应用氯前列烯醇等产品，以提高白天分娩的比率，这样更方便饲养员护理。

(2)产前应用了“母乐健”的母猪，85%以上的母猪产程在 2.5～3 h。但是对于一些努责不明显的母猪，产程一旦超过 3 h，在确认有 2～4 头胎儿产出后，应常规注射催产素 30 IU＋10%安钠咖 5～10 mL，必要时静脉推注 10%葡萄糖盐水 500 mL，以加快分娩。

(3)没有十分必要，不应随意做产道与胎儿检查，确有必要，术者应常规剪指甲，用复合有机碘或复合醛消毒剂消毒手臂，并涂以卫生的石蜡油，用消毒剂溶液冲洗阴道后方可实施检查。

(4)所有的难产助产，均应在保证母猪安全的前提下进行。

(5)及时检查胎衣的完整性，防止母猪吞食胎衣。将胎衣煮热后返饲母猪的做法不可取。产后 1 h 胎衣仍不下者或不完全者，应立即注射 40～50 IU 催产素或麦角新碱 1～2 mg。

(6)对产后的母猪给予背腹部按摩(借用器具)，10～15 min，间隔 1 h 后再做 1 次。

(7)及时防治产后感染、无乳症、隐性乳房水肿、乳房外伤、产后便秘等。

第五节 哺乳仔猪

一、目标管理

(1)21 日龄断奶重≥6.5 kg，28 日龄断奶重≥8.5 kg。

(2)21 日龄断奶后 1 周内日增重≥150 g，28 日龄断奶后 1 周内日增重≥200 g。

(3)哺乳期仔猪下痢率＜5%，僵猪发生率＜1%。

(4)哺乳期成活率≥98%，窝内个体重均差≤0.5 kg。

二、环境福利

(1)保温防潮湿是仔猪环境福利的第一要务。

树立仔猪腹部实感温度的概念，推荐水暖控温培育专利技术，使仔猪卧睡休息处温度如下：

初生当日33～34℃，2～3日龄32～33℃，4～7日龄31～32℃，8～21日龄28～30℃。

在其哺乳区与活动区辅以红外线加热灯，以保证温差不至于超过2℃。

(2)严禁冲栏，只能铲扫粪便，确保干燥。

(3)做好窝猪社群环境管理。按大小、强弱认真固定好乳头(产后6 h内)；做好吃奶(吃料)、休息、排泄的定位训练。

(4)防贼风，舍内空气流速控制在0.2 m/s左右。

三、营养福利

(1)哺乳仔猪的营养主要来源于母乳，尽早让新生仔猪吃上初乳(产后18 h内的乳汁)，吃足初乳是仔猪营养福利的头等大事。

(2)母乳是不能满足仔猪生长潜力对营养的需求的(母乳喂养的仔猪在21日龄内日增重一般为200～300 g，而产后吃完初乳的仔猪实行人工特护喂养日增重可达350～400 g)，因此，补料是继吃好初乳后的另一营养福利。常规的教槽料，仔猪采食难度大，其营养成分亦不能满足三元良种仔猪生长潜力的最大发挥，这不能不说是仔猪营养福利上的缺陷。“仿生猪奶”等产品的面市可以弥补这一缺陷(详见第五章)。

四、日常管理福利

(1)保证仔猪出生后 1 h 内吃上初乳，产后 6 h 内固定好乳头。

(2)随时注意保温措施，按环境管理要求落实。及时发现问题及时解决，在防低温同时防局部过热应激。

(3)随时注意母猪哺乳与仔猪吃奶的状况，避免应激，保证母猪最大限度放乳，仔猪尽量多吃乳，特别是产后 18 h 内的初乳。

(4)第 6～7 日龄，将“仿生猪奶”等仿母猪乳产品 20～30 g 洒在碎粒的教槽料上，诱促仔猪采食兴趣，视采食量逐日增多。

(5)必要时做好寄养工作(寄出大的仔猪)，做好定位训练。

五、保健福利

(1)规范断脐，有效防止脐部感染，如破伤风、脐疝等。

(2)没有必要不进行超前免疫；若必须剪牙、断尾，应在出生 24 h 后进行，并要防止操作不当发生的损伤与术后感染。

(3)第 2 日龄应注射铁剂 100 mg(纯铁含量)，维生素 E 亚硒酸钠注射液 1 mL。隔 2 周后再补注同剂量的铁剂。补量要准确，防止过量中毒；针头及皮肤消毒应严格，防止补铁诱发厌气菌感染。

(4)公仔猪应在 7 日龄内进行去势术，以减少疼痛、出血及感染机会。

(5)有乳猪独立饮水系统的猪场，可在饮水中加入益生菌或乳酸制剂作保健饮用。宜采用温水(水温为 35～40℃)。

(6)无特殊疫情，哺乳期不做任何免疫接种。在伪狂犬病血清阳性或有隐性感染猪场，应在第 7 日龄进行伪狂犬病疫苗首免。

第六节　断 奶 仔 猪

一、目标管理

(1)无腹泻等断奶应激。

(2)21 日龄断奶后 1 周日均增重≥150 g，28 日龄断奶后 1 周日均增重≥200 g。

(3)70 日龄体重≥27 kg；个体重均差≤2 kg。

(4)断奶至 70 日龄育成率≥98%；几无僵猪、伤残猪。

二、营养福利

(1)断奶仔猪的营养要求。饲料主要营养成分建议为：消化能 14.0～14.5 MJ/kg，粗蛋白 17%～19%，可消化赖氨酸 1.1%～1.3%，可消化苏氨酸 0.68%～0.76%，可消化蛋＋胱氨酸 0.62%～0.7%，可消化色氨酸 0.19%～0.21%。钙 0.7%～0.75%；有效磷 0.4%～0.45%；食盐 0.3%。

(2)在良好管理操作下，仔猪在哺乳阶段(21 d)大都会采食 200～350 g 固体饲料，但仍处于由液体饲料(母乳)向完全采食固体饲料的过渡时期，因此，采取断奶后 3～5 d 的液态供料方式，实践证明对克服仔猪断奶后应激反应是有助益的。具体操作建议：于断奶后当日用“仿生猪奶”等仿母乳产品按要求稀释后放入料槽内让其直接饮用，日喂 5 次；次日至第 5 d，将优质仔猪料继续用更大稀释比例的“仿生猪奶”或温开水稀释成

稀粥状饲喂，逐日变稠至粒料。

（3）仔猪料中建议使用消化性高、适口性佳、水溶性好、少抗营养因子的原料，如乳制品、酶解大豆蛋白、膨化玉米等。不建议在仔猪料中使用高锌和大剂量多品种抗生素，提倡使用益生菌、酶制剂、酸化剂、植物提取物等。

三、环境福利

（1）温度：断奶后（21 日龄）1 周内，栏舍地板温度（仔猪腹部实感温度）仍应保持在 28～30℃（比产房保温箱高 2℃左右），1 周后可为 25～27℃。

（2）保育舍实行小单元全进全出，转栏后常规清洁、消毒并空栏 1 周。

（3）应有独立饮水系统，便于添加药物、水溶性维生素、电解质等。饮水器宜每栏（10～15 头）安装 2 个，其中一个高度为 26～28 cm（安装为可调卸式，10 d 后调高至另一饮水器同高度），另一饮水器安装高度为 36～38 cm，饮水器安装向下倾斜约 15°以方便其咬饮。

（4）保证足够的食槽，每头仔猪 1 个槽位，槽位宽 15 cm。

（5）保持干燥，尽量减少甚至杜绝地板的冲洗。

（6）适时通风换气，防贼风，防鼠、蚊、蝇为害。

（7）原窝培育或合理并群，每栏 10～15 头，每头占地不低于 0.35 m^2。

（8）可在栏内给予少量干净稻草供其咀嚼尝玩，给予小铁球、铁链以玩耍，满足其探奇心理，减少互咬等异常行为。

四、日常管理福利

（1）断奶时待母猪移走后迅速将仔猪转群到保育

舍。提倡使用有透气孔的封闭转猪笼，移猪时用双手托住腹部抱移，并轻放至笼内（严禁手倒提或粗鲁地丢抛仔猪等行为），平稳稍慢地推拉转猪车，至保育舍后用同样方法抱移仔猪至栏内。

（2）在保育栏的排粪区可安放同栏仔猪的少量新鲜粪便，以利训练定位排泄粪尿。

（3）执行自由采食，并保证有足够的料位（一猪一料位）。这与生长猪自由采食时只需要约 1/3 料位不同，断奶仔猪早期有同时采食行为。

（4）提倡原窝保育，以减少并栏应激。必须并栏时，宜在夜间进行。

五、保健福利

（1）做好免疫接种

高质量初乳抗体得到保护，避免了哺乳期对仔猪做过多的免疫接种。21 日龄断奶后的保育阶段，做好伪狂犬疫苗的二免以及其他必须免疫疫苗的首免与加强免疫是断奶仔猪保健福利的重要事项。

22～28 日龄，猪瘟＋口蹄疫的免疫接种；

35～40 日龄，伪狂犬病的免疫接种；

50～60 日龄，猪瘟＋口蹄疫的二免；

70～80 日龄，口蹄疫三免。

（2）二免接种时，可能发生超敏反应，尤其是猪瘟疫苗的接种，因此要备好肾上腺素针剂，剂量为 0.1％肾上腺素注射液 0.5～1.0 mL，最好心腔注射（须资深兽医操作），亦可肌肉注射。

（3）其他病种的免疫接种应视各场自身疫病流行情况而定。如果一定要用肺炎支原体疫苗、胸膜肺炎放线杆菌疫苗，那么，它们之间以及它们与其他疫苗之间的接种间隔时间应不少于 14 d。

(4)在有病情问题的猪场，断奶前后1周，可在饮水中加入阿莫西林或强力霉素或替米考星以预防之。

(5)35日龄左右可进行首次体内驱虫。

(6)及时治疗病或僵猪，保证均匀度。无治疗价值的仔猪于夜间做无害化处理。

第七节　生长肥育猪

一、目标管理

(1)25～100 kg(下同)出栏育成率≥99%。

(2)日均增重≥800 g。

(3)饲养天数≤95 d。

(4)料重比≤2.7∶1。

(5)体形符合市场需求，无药物残留。

二、营养福利

建议的主要营养成分(表4-1)：

表4-1　生长肥育猪建议的主要营养成分

营养指标	小猪(25～40 kg)	中猪(40～70 kg)	大猪(70～100 kg)
粗蛋白	≤17%	≤16%	≤15%
消化能(MJ/kg)	≥14.0	≥14.0	≥13.8
净能(MJ/kg)	≥10.2	≥10.2	≥10.0
可消化赖氨酸	≥0.9%	≥0.8%	≥0.7%
可消化苏氨酸	≥0.6%	≥0.52%	≥0.45%
可消化蛋+胱	≥0.54%	≥0.48%	≥0.42%
可消化色氨酸	≥0.16%	≥0.14%	≥0.12%
钙	0.7%	0.7%	0.6%
有效磷	0.4%	0.35%	0.3%

三、环境福利

(1)温度:舍温以15～25℃适宜,重点放在防热应激影响上。可采取植树、房顶扦藤、房顶喷水、室内喷雾、纵向排风机、湿帘等方式。

(2)合理密度:漏缝地板猪栏每头0.8～1.0 m^2,地坪猪栏每头1.0～1.2 m^2,每栏10～20头。

(3)由于排粪尿量大,舍内有害气体浓度易超标,除注意通风外,可在日粮中添加丝兰属植物提取物。

(4)可在日粮中添加可杀灭蝇蛆类的产品,以减少苍蝇危害(猪场保持整洁环境和及时清粪、采用沼气等可有效减少苍蝇滋生)。

(5)每季度1次灭鼠,可用杀它仗、速箭等灭鼠药。

四、日常管理福利

(1)自由采食,必须设置料槽,料位按1/3日常存栏猪设计。

(2)每日用超低容量喷雾器喷雾1或2次,以减少舍内尘埃。

五、保健福利

(1)可添加复合酶制剂、健长灵、低聚木糖、酵母菌、免疫多糖等以提高其免疫力与饲料转化率,充分挖掘生产潜力。

(2)不用高铜、砷制剂或其他违禁添加剂。

第八节　各类猪群福利研究进展

一、种猪繁殖

（一）成年公猪群养

尽管成年公猪单独饲养在现代养猪生产中是极为普通的现象，也是公猪可以接受的，但是有研究表明，单独饲养的公猪，在求偶与交配行为方面的欲望要比在公猪群中饲养和与母猪群饲养的公猪低。其主要原因是缺乏身体接触，同时，在一个社会关系稳定的成年公猪群体里，发生自淫和打斗行为的现象很少，并非人们想象的那么严重。因此，种公猪的合理群养有利种公猪的福利，应该提倡。

成年公猪的群养应有良好的配合措施，足够大的生活空间是非常必要的，否则是不能合群的。早期修剪犬齿，采用防滑地板以及无伤害性栅栏等都是良好的福利措施。若发生公猪打斗，应用木板隔开或引入发情母猪以引走公猪。

（二）诱情技术与合群

以下观点值得关注：

（1）配种地点：断奶后，赶到公猪舍中配种栏饲养的母猪比饲养在母猪舍内的母猪发情更明显，静立反应更稳定持久。

（2）饲养空间：断奶后饲养在狭小空间的母猪比饲养在广阔空间（6～8 m^2）的母猪发情行为减少，安静发情增多。

（3）断奶合群：断奶后立即合群的母猪有 2～3 d 的应激，但只要仍有足够大的生活空间，对繁殖行为无明显的影响。合群后，社群等级对繁殖指标没有显著影

响，但社群等级较低的猪安静发情的比例会增多，给予更多的福利关注（公猪试情等）是必要的。

（4）配种后合群：配种后立即合群或在3周内合群都会提高返情率，减少窝产仔数，配种后22～30 d合群是合理的。但无论何时合群，都不能发生打斗。

二、后备母猪与妊娠母猪

后备母猪与妊娠母猪的群养已得到越来越多的业内人士的认同，体现了更为广泛的福利关注。在群养环境中，母猪有较多的运动，腿骨畸形少，肌肉发育更好，心肺功能得到增强，为正常的分娩打下较好的体质基础；另外，母猪有更多的社群交往机会，有拱地和玩耍物料的机会，因此病态行为或反常行为得以减少；生活空间的广阔，也使母猪有了依自体所需来选择环境和控制环境的自由。

但是要保证这些福利的正常实施，必须达到如下几个条件：

（1）必须有足够的饲料，避免因争夺饲料发生打斗。为此1 d一次性给予标准的配合饲料，而高纤维饲料（如青饲料）宜在每日的大部分时间内保证供应，还要提供玩耍的物料（如干草）以分散注意力。

（2）每头母猪必须有不少于3 m^2 空间，有足够的睡眠区与料槽位。

（3）后备母猪组群后，应长期维持相对的稳定，最好能对这一群母猪实行同步发情，同步分娩，断奶配种(3)后重新回到一栏，如此可以最大限度地减少合群应激。

（4）母猪群养技术比限位饲养的责任心要求高，因此高素质的饲养员可能是该技术实施结果好与坏的关键。

（5）饲养员应对社群中低等级成员给予更多的关怀。

三、哺乳母猪与哺乳仔猪

正如作者在前面所叙述的一样，动物福利的实施是有鲜明的相对性的，这在哺乳期的母猪与仔猪之间体现得尤为突出。限位栏中，仔猪是最大的福利受益者，但都是以牺牲母猪的部分福利为代价的。而在圈养环境下，母猪的福利得到较好的照顾，但却是以牺牲仔猪的部分福利为代价的，因此，开发既不会降低仔猪成活率，又能让母猪表现正常筑窝行为的散养猪舍是未来饲养母猪的方向。

养猪实践业已证明，在现行的生产系统中，下列的福利观点是值得重视的。

（一）仔猪在哺乳期的死亡率是衡量仔猪福利水平的首要标志，仔猪死亡率之高低主要取决于如下因素

(1)初生重。初生重在 1.3 kg 以上的仔猪成活率高。1 kg 以下的仔猪成活率低，影响初生重的因素有窝产仔数与妊娠后期的营养。窝产仔数与初生重通常呈负相关，不应一味追求窝产仔数，应以 11～13 头为度。妊娠后期(80 d 后)是胎儿完成 2/3 的体重的发育期，因此后期合理的高水平营养是必需的。

(2)初乳的质与量。初乳中 17％是乳蛋白，而免疫球蛋白又占到乳蛋白的 70％左右。只有母猪已同场内所有的病原微生物形成系统的稳态(不论是人工的稳态还是自然的稳态)，初乳中才会有抗各种微生物的相应抗体，仔猪才能从初乳中获得最大的福利保护，这应是衡量初乳质量最重要的指标，其次才是初乳量。

母猪无乳综合征严重影响初乳的质和量。该综合征病因复杂，可能有 20 多种，但可归纳为应激、激素失调、传染性疾病以及营养管理等四大方面。妊娠前期与

中期过量的饲喂;饲料的霉菌污染;母猪饮水少;妊娠与哺乳期的便秘;母猪卫生状况差,泌尿生殖系统与乳房的感染;定位栏母猪常发生的乳房隐性水肿以及环境中较严重的应激或长期的轻度应激均是母猪无乳综合征最常见的原因,应尽量避免。

(3)吃好初乳。初生仔猪一定要吃好吃足初乳才能有足够抗病保障。要求仔猪出生后1 h吃上初乳,在18 h内吃足初乳。在此期间,不断尾,不剪牙,不打针,尽量减少吃初乳期间的应激。

(4)保温。除了众所周知的仔猪休息区保温外,还要注意哺乳区与休息区温度差不宜超过2℃,因此哺乳区的辅助保温措施(如局部挂可活动的红外线灯)是必不可少的。

(二)母仔福利兼顾的措施

(1)缩短母猪产程。在妊娠后期可添加“母乐健”等功能性产品,以增加血氧含量,加强子宫收缩的肌力以及子宫对催产激素的敏感性,达到缩短产程(少于3 h)的目的,这将有利母猪子宫复原,减少产后感染,减少无乳症发生,有利仔猪生长。

(2)补料时间提前。5～6日龄开始的教槽补料(乳制品为主),自是针对仔猪福利的。然而,在哺乳21～28 d后,母猪有避开仔猪不愿多哺乳的本性,只有补好料,仔猪对母乳的依赖性才会减少,胃肠道酶系才会尽早得到锻炼,此举对减少哺乳期失重有帮助。

四、断奶仔猪福利进展

断奶仔猪的应激问题是因断奶引起的。断奶意味着仔猪吮乳活动与母猪呵护的终结。在野生环境下,仔猪在2～3月龄被母猪主动断奶,这是一个渐进的过程,此时仔猪已具备自主觅食的能力,不存在由液体饲料

(乳汁)向固体饲料突然过渡的情况，基本上不存在断奶所致的系列应激。但是，在现代养猪生产中，人类基于经济或疾病控制目的实行着比 2～3 月龄早得多的断奶，且是突发性的，因此，讨论断奶仔猪福利的重点在于断奶期前后，尤其是断奶后第 1 周。

(一)断奶日龄

依据猪场的具体条件以及断奶目的，断奶日龄可选择第 21～28 日龄断奶，14 日龄以前断奶可谓超早期断奶。超早期断奶的成功意味着多种条件的良好结合，它包括：早期将仔猪与产房隔离，饲喂高消化率与适口性极好的仿猪奶日粮，气温、湿度自动调节的条件和仔猪特殊保育设备，以及小单元全进全出的卫生管理措施等。然而，这些条件是我国绝大部分猪场在短期内所不具备的。推荐 21～28 日龄断奶是适宜的，何况，早于 20 日龄断奶甚至于 14 日龄以前断奶是有损母猪福利的。我国新颁布的《良好农业规范》中有关认证条款就规定不允许早于 21 日龄断奶。

(二)断奶体重采食量与断奶应激

断奶应激与断奶体重、断奶时采食量是负相关的。因此，吮乳期做好仔猪补料，保证哺乳母猪分泌尽可能多的乳汁，以期获得最大的断奶重与断奶后的采食量是保证断奶仔猪福利的主要措施之一。

五、生长肥育猪

研究表明，生长肥育猪的行为，健康与生长性能受猪舍环境与饲养方式的影响显著，要注意下列问题：

①猪栏应有足够的空间，将休息，采食与饮水排泄等功能区域驯分开来。

②以 10～20 头一群为宜，每头猪实际占有面积不

少于 1 m^2。

③要有隔离栏，以安置少数有异常行为的猪只。

④架高离开地坪饲养。一般架高 50～80 cm，采用半漏缝板条式地坪结构，这样可保证通风良好，干燥卫生，尤其可缓解热应激，减少或几乎不用水冲洗，十分有利生长肥育猪于舒适环境中生长（详情见第五章第八节）。

第五章　生猪福利饲养新技术

第一节　小单元饲养技术

一、基本概念

小单元饲养技术通常是指人们依据均衡生产的原则，依其每周产仔窝数和断奶均龄，来相应设计与生产匹配的相对独立的若干个小单元产仔舍和与之相配套的小单元保育舍。也就是改传统的大栋饲养为小栋饲养。小单元饲养是实施全进全出制度的基础与前提。

二、实施方法

(1)以 1 个拥有 550 头母猪的商品猪场为例。平均每周产仔 21～24 窝，取上限的每小栋产仔舍同时容纳 24 头母猪产仔，则每个小单元设计产床 24 套，一般为双列式。如果实施 3 周龄断奶，则至少设 4 个小单元产仔舍(3 个单元生产，1 个单元空栏消毒待产)；如果实施 4 周龄断奶，则需增设 1 单元(依此类推，作者建议断奶日龄以 21～28 d 为宜)。

(2)接上例，与之配套的小单元保育舍的数量依猪场实施的平均保育天数来设计。如实施 5 周保育，则需要至少 6 个小单元保育舍(5 个单元饲养，1 个单元消毒空栏后待用)，每小栋保育舍容纳 220～260 头仔猪饲养。如果实施 6 周保育，则相应增加 1 个小单

元保育舍(依此类推)。

(3)无论小单元产房还是保育舍,均必须设计成相对独立的操作系统。这些系统包括:封闭的隔墙(单独小栋更好);独立的粪水道;独立的保健饮水添加装置;独立的出进门与消毒设施等。

(4)小单元饲养技术在新建猪场较易实施。在原有大栋猪舍内实施较为困难,但也可以通过改造来提高生产成绩。

(5)按照断奶仔猪保护优先的原则,小单元保育舍应建在猪场向阳上风口,且尽可能远离产仔舍及其他猪群 150 m 以上(如实施多点饲养技术更好,本章第二节将进行讨论)。

(6)在生产实践中,常遇到同批断奶猪或保育猪同时转出时存在部分弱、僵猪的问题。此时可转入机动舍喂养或做其他无害化处理,无论怎样,均必须同一时间转出。

三、小单元饲养技术在福利养猪上的贡献与意义

(1)该项实用技术之所以越来越被人们所认同,是因为可以实现真正意义上的全进全出制度。事实上,全进全出制度在养猪界同仁中喊了 10 多年,真正在生产实践中采用的却只是近几年的事。由于小单元饲养可以进行彻底的空栏消毒和干燥,因而可以最大限度地减少病原微生物对猪只尤其是对仔猪的干扰与侵袭,大大降低发生呼吸道、胃肠道等疾患的可能性,进而提高成活率与免疫力,对保障仔猪生命健康有十分重大的福利与经济意义。

(2)该项技术同时也降低甚至避免了不同来源猪只在栏圈混群后导致交叉感染的潜在危险(主要在保育舍)。由于实行同栋同批转进转出,使传统上的大栋饲

养常发生的调圈、混群现象难以发生，这从格局上对维护仔猪的健康福利有了制度上的保障。

(3)小单元产仔舍通常执行断奶时先转出母猪，然后迅速转出仔猪的作业流程，其目的是尽可能减少母猪看见仔猪从身边移走时的分离痛苦。而在传统的大栋产仔房，1头母猪可能刚产仔几天，而隔临的却要马上断奶，断奶时不可避免的仔猪叫喊声与断奶母猪无奈的呤哽声可能会对正在哺乳的母猪产生不愉快的影响。实施小单元饲养，这种对母猪离别亲仔时心理上、精神上的福利关照得以体现，可使母猪更健康地投入到下一个繁殖周期。

第二节 多点饲养技术

一、基本概念

简而言之，多点饲养技术是指将不同生产阶段的猪群放在不同地点的猪舍进行饲养管理的一门养猪新技术。20世纪80年代初，英国剑桥大学的Tom Alexander博士在试验中证实，如果把仔猪实行早期断奶并移至隔离的小单元保育舍，发现在已经感染病菌的母猪群也能生产出较高健康状态的小猪，并首先提出药物早期断奶(MEW)的概念。这不仅佐证了初生乳猪可以通过吸吮足够的高质量初乳而获得早期被动母源抗体的理论，同时也为后来学者推崇的多点饲养技术提供了理论及实际生产上的支持与启发。

20世纪90年代后期，美国依阿华州立大学的Harris教授在结合多年从事临床保健研究与总结前人经验的基础上首先提出了多点饲养技术(也称三点生产模式)。

二、实施方法

(1)多点饲养技术包括三点生产模式和二点生产模式。三点生产模式是指将种猪群(后备、妊娠、哺乳)饲养在一个地点;将断奶后仔猪转移至另一地点饲养至9～10周龄;然后将9～10周龄的小猪转移至第3个地点饲养至上市。每个地点相隔不低于3 km(最好在5 km以上),且必须实行全进全出制(下同)。

(2)二点生产模式是指将三点生产模式中的后两项合并为一个地点饲养。即断奶前仔猪生产在一个地点,断奶后至上市放在另一个地点饲养(相隔距离同上)。二点生产模式是对传统一条龙生产模式的改进,相对于三点生产模式而言,比较易于在生产中操作与推广,但三点生产模式的患病风险更小,生产效率更高。

(3)还有一种是目前比较流行的同一场区的多点生产模式。由于1个猪场实体要在2或3个不同地点饲养,给征地、管理、运输等会带来一些困难。故许多养猪人在新建或改建结合时,有意识地在同一场区内实施准多点饲养技术(应有足够的场区空间)。其具体方法是:将小单元保育舍建在猪场向阳上风口;将生长肥育舍建在离保育舍相隔100 m以上的场区中间;将小单元产仔房与妊娠(后备)舍建在场区下区(同时离肥育舍在150 m以上)。3个饲养小区之间采用植树(藤)或钢丝围栏等设施分开,并设计单向流动走道。饲养员不得相互串区,管理及技术人员进入任何小区均必须严格消毒,以避免可能的交叉感染。

实践证明,在同一场区内实施准多点饲养技术是对传统一条龙生产设计(传统保育舍通常设计在产仔舍与肥育舍中间;一些猪场的保育舍甚至与产仔舍同栋饲养)的挑战与改进,可以大大减少疾病的发生和提高养

猪效益。比较适合中国国情。

三、多点饲养技术在养猪福利上的贡献与意义

1.多点饲养技术强调全进全出制度，而全进全出制度的基础是小单元饲养技术，因而多点饲养技术具有小单元饲养技术的全部养猪福利意义。

2.多点饲养技术在很大程度上实现了相对安静饲养，较好地避免了不同生产阶段猪群的噪声干扰，且饲养密度相对宽松，夏季通风更畅，无疑有利于猪的环境福利改善。

第三节　仔猪水暖地坪式控温技术

一、基本概念

水暖地坪式控温技术是指以水作为热媒介质通过封闭自动运行的水暖系统(特制无压力锅炉、水泥保温板、进出水钢管等)持续均衡地给栏圈内保温区地坪提供热源的新兴保温技术。该项技术由万熙卿、苏泽民等人于1999—2003年在国内养猪实践中首创，并于2004年3月获得国家原创发明技术专利(发明专利号：ZL01110525.9 国际专利主分类号：A01K 1/02)；于2005年12月通过武汉市科技局组织专家成果鉴定[鉴定号：(2005)武科鉴字188号]。该项成果于2006年荣膺“中国最具影响力创新成果100强”。该项技术的发明成功与推广将为国内养猪界的创新养猪与福利养猪实践写下非凡的一页。

二、基本原理与实施方法

(1)仔猪水暖控温保育技术的探索灵感得益于曾经

实践过的冬春季室内甲鱼养殖中对池水的升温措施，为了使水温保持在30℃左右，饲养者对室内及水池中的升温依靠置于水池侧面和墙壁的电动循环热水管来实现。而在仔猪保育方式探索中则借用了上述原理，将特制热水管通过一些装置使整个保温区地坪持续、均衡地供热并保持一定的设计温度。

(2)基本原理如下：将无缝钢管按一定间隙和形状焊制成特殊的控温板，置于保育间地坪(或网床)上，使用无压力特制热水炉将水烧至设定温度后，利用热水流动推力与特殊装置使热水按一定流速持续、均衡地给地坪控温板散热加温，热水出进热水炉实现自动循环、无需额外动力。每个保育间设置球阀，通过控制热水流速来达到温度调节的目的。

(3)实施方法如下：以煤或沼气作为能源，对特制锅炉中钢管内的循环水进行直接加热至一定温度后(摄氏70℃±5℃)，通过连接钢管和保温板持续均匀地利用温水散热使地坪、空气温度提升，并通过控制热水流速使控温板表面温度调控在一定范围内(28～32℃)，空气温度则通过钢管、保温板和猪体散热自然提升。

三、"水暖地坪式控温技术"的应用效果与对养猪福利上的贡献

作者早期进行本项技术探索的荆州华军实业有限公司养殖场，是从1997年末在原来甲鱼养殖的保温房基础上改建的。该场年设计出栏量7 000头，开始采取的仔猪断奶后保温方式为土制煤炉升温，炉上铁皮管穿插舍内直通舍外。这种升温措施只能有限地提高保育舍内的空气温度，地坪依然潮湿阴冷，仔猪保育成绩不理想。于是1999年末作者开始进行水暖控温保育的探索，之后在2001年初获得成功。其断奶日龄从以前

28～35 日龄提前到 21～23 日龄；断奶育成率从以前的不到 90％提高到 98％以上；断奶后腹泻率降到很低的程度，效果十分理想。

作者于 2001 年初开始在荆州太湖区明鹰生态养猪场进行进一步研究，并于 2004 年初在两栋相同的单元保育舍中进行水暖控温技术与传统土煤炉保温措施的比较观察，现将结果报告如下（表 5-1），同时对几种常见的保温措施进行效果比较（表5-2）。

表 5-1　荆州明鹰生态农庄养猪场不同保温措施效果比较

时间	保育间室内面积	保温措施	期内总头数	转入均龄（d）	转入均重（kg）	保育时间（d）	腹泻指数	腹泻指数比较	转出均重（kg）	保育期日均增重(g)	日增重比较（％）	育成率（％）	育成率比较（％）	料重比	饲料利用率比较（％）	期内能源成本（元）	能源比较（％）	每头保育猪综合收益（元）
2004 1.5～4.25	A栋三列式 125 m^2	水暖式	755/3 批	20.6	6.37	30	23	18.3	17.84	382	110.4	99.2	103.2	1.78∶1	105.82	988	34.23	＋18.5
2004 1.5～4.25	B栋三列式 125 m^2	室内土煤炉加红外灯局部	727/3 批	22.5	6.85	30	126	100	17.23	346	100	96.1	100	1.89∶1	100	2 886	100	

注：每日每组出现 1 头腹泻指数记为 1，依此类推。每头保育猪综合收益比较按照期内节能、提高育成率及饲料利用率等计算得出。

经同期 3 批近胎次（2～4 胎）的保育仔猪比较，采用水暖控温保育技术保温与采用传统土煤炉结合红外线灯保温措施相比，在仔猪生长及外观表现上均有明显的优势，其腹泻指数下降 81.7％；生长速率改善 10.4％；育成率提高 3.2％，饲料利用率改善 5.82％；能耗成本下降 65.77％，每头保育猪综合收益新增 18.5 元，经济收益可观。

表 5-2 几种常见的保温措施比较

措施	能源	能耗	加温对象	地坪潮湿度	空气质量	仔猪腹感	仔猪育成率	投入成本	维护费用
热风炉	电、煤	高	舍内空气	无改善	一定负面影响	略改善	提高	高	高
电散热片	电	高	舍内空气	无改善	无影响	略改善	提高	高	较高
土煤炉	煤	较低	舍内空气	无改善	一定负面影响	略改善	提高	低	较低
红外灯	电	较高	局部地坪	有改善	无影响	较舒适	提高	较低	较高
水暖保温	煤、沼气	低	地坪、舍内空气	明显改善	无影响	舒适	明显提高	较高	低

从表 5-2 中可直观地看出，水暖保温技术有非常明显的实用优势。（2004 年 12 月初湖北应城永盛养猪场将使用了两年的保育间热风炉系统停用，受让该专利技术并投入使用，收效良好。）

众所周知，温度是生猪尤其是仔猪第一重要的环境福利因素。初生仔猪需要 31～34℃的实感温度（或称有效温度、腹感温度），且昼夜温差小于 2℃（下同），3 周龄断奶仔猪第一周仍需要 28～30℃的实感温度。这种实感温度要求（尤其是温差要求）对国内大部分地区大多数时间里靠自然气温几乎办不到，必须通过外源供热方式解决。“水暖地坪式控温技术”由于直接对休息区地坪提供热源，因而较好地解决了乳、仔猪对实感温度及昼夜温差的要求，对提高乳、仔猪的生命健康水平提供了特别可靠的保障系统，具有特别现实的环境福利贡献。

养猪人常言：潮湿永远是养猪的大敌。这的确说中了要害。潮湿度是仔猪环境福利的又一重要因素。这里指的潮湿度是特指栏圈内地坪干燥状况。潮湿在任何季节对任何阶段的猪群都是有害的（即使在夏天，过度冲圈引起的地坪与空气湿度增加会阻碍猪身热量散发，从而不利健康）。地坪潮湿对仔猪来说更是可怕的。尤其在冬天，稍有不慎就会因热传导致使热量散失、体温下降、吮乳困难、病原菌乘虚而入，使其下痢或腹泻，并多以死亡为转归。

“水暖地坪式控温技术”的应用证明（湖北应城永盛畜牧公司、湖北黄石健丰集团种猪场、山东莒南种猪场、山西汇福公司试验养猪场等 30 多家猪场），由于保持了仔猪休息区地坪的有效温度（28～32℃），仔猪极少在上面排泄，偶有尿水也即刻蒸发，从而保证了地坪的持续干燥，为仔猪的健康生长创造了必要的环境福利条件。

猪舍封闭温度与舍内空气质量一直是一对难以调和的矛盾。空气质量同样也是养猪的重要环境因素之一。如果舍内氨气、硫化氢等气体超标，舍内尘埃（大都会夹裹着病菌体）长时间漂浮等，就会给猪群（尤其是保育猪）带来危害，许多呼吸道疾患因此诱发或加重病情。因而将舍内空气质量控制在一个良好的状态一直是养猪人的追求。"水暖地坪式控温技术"从本质上改革了传统的对空气加热的保温方式，而直接对仔猪休息区地坪保温。所以，可以通过开窗措施利用温差效应使舍内空气与外界空气实施自然交换（实际生产中每次 15～20 min 即可）。在空气交换过程中，由于地坪温暖，故对舍内仔猪产生的负面影响很小。这样最大限度地在节约的前提下保证了空气质量的良好状况，为仔猪的生活空气环境创造了有利的福利条件。

第四节　仔猪恒温(相对)饮水措施

一、基本概念

仔猪恒温（相对）饮水措施是指将冬春季节自然温度饮用水通过某种热源（含开水）加热至相对恒定的温度后，可为仔猪提供 35～40℃的饮用温水系统。

二、实施方法

（1）经实践探索，让仔猪饮上温水，摆脱凉水不良刺激，完全可以利用上述第三节中介绍的水暖控温设施中的特制锅炉所产生的余热，通过高效能热交换器的热传递功能，使流经保育舍饮用水管中的水持续均衡获得热能而升温，并实现自动循环加热与供应相对恒定温度的饮用温水。

(2)对于小规模猪场，用小型热水锅炉或大铁锅直接烧至沸腾后与凉水兑至一定温度(40℃左右)后放入食槽内让仔猪饮用，尤其是让断奶第1周的仔猪饮用。

(3)直接采用装有饮水器的仔猪专用电热水桶(市场有售;注意水温调节)。

三、该措施在生猪福利上的贡献

(1) 在我国大部分地区的冬春季节，即使是采用深井水，其出水口水温也只不过十几度，流经抽排水管与贮存水塔后，水温会很快下降。因而，仔猪在该季节实际上只能饮用水温偏低的凉水。

(2)仔猪胃内温度高达38℃以上，对冷刺激尤为敏感，饮用不到10℃的凉水会增加仔猪的热能消耗，同时带来冷刺激的不良反应，如减少饮水次数与每次饮水量，进而影响其采食量和增重速度。除此之外，饮凉水也是导致腹泻的又一诱因。

(3)经温水(40℃左右)与自然凉水(10℃左右)的试验对比，发现饮水与采食在同一食槽内的试验仔猪其饮水量提高20%～25%，采食量提高7%以上，日增重提高6%以上，腹泻率下降30%以上。在整个保育阶段(35 d)，除去采用温水的耗能(用煤烧水)投入，每头仔猪可多创利润5元以上(湖南长沙，王洪勇等，2005年，未发表)。

(4)让仔猪冬季饮用温水可以提高仔猪健康水平与生产性能，尤以与"水暖地坪式控温技术"配套设计的恒温饮水系统节能省工，可以最大限度地利用余热，便于实施与操作(目前广西灵川县、湖北黄石等地猪场已率先配套采用该恒温饮水系统)。

(5)实践告诉我们，仔猪尤其是刚断奶仔猪，不仅对地坪低温环境敏感，也对饮用凉水敏感。将自然饮用水

换成与胃温大致相同的温水，是对仔猪培育过程中所给于的特殊福利性关照。

第五节　仔猪保育舍舍外清粪新工艺

一、基本概念

仔猪保育舍舍外清粪新工艺是指将传统保育舍设置的舍内粪水沟移至舍外，并将保育栏由 30 cm 左右抬高至 80 cm 左右的一项创新设计，其目的是最大限度地减少冷季因封闭猪舍而导致的氨气等有害气体对仔猪的不良刺激，同时在热季则可增加通风量与效率，以利圈面干爽。

二、实施方法

(1)主要应用于新建小单元保育舍。将保育舍设计为双列式，每个栏宽 1.6 m，长 2.1 m；中间工作过道为 1.0 m，实施原窝培育。

(2)将保育床抬高至 80 cm，两端直抵边墙；床面 1/3 为保暖休息区，2/3 为漏缝钢筋或漏缝铸铁板。

(3)将粪水沟设置于两边主墙外，架高床面漏缝板下呈自然坡度过渡连接于墙外粪水沟，坡度 45°，混凝土平滑收光，以利滤水与人工清粪。两边均设上下通栏可调式卷帘，以调节舍内空气并起到防风保温作用。

(4)舍外人工及时清粪至粪水沟；舍内干粪绝大部分会由仔猪踩落掉下，少许干粪由人工经预留的出粪口扫至舍外粪水沟；沟内粪便及时运至粪池。

(5)房屋跨度仅需 5.4 m 左右，比传统双列式保育舍变窄 2.6 m 以上。舍内采用轻质且阻热吸潮性能好的泡膜材料吊顶。

三、保育舍舍外清粪新工艺在生猪福利上的贡献

（1）在冬季，封闭保育舍会导致舍内氨气等有害气体不同程度滋生，这些有害气体大都比空气重，且大都分积聚在离舍内粪沟水面以上 80 cm 左右。目前国内绝大多数保育床高度仅为 30 cm 左右，这样，仔猪很无奈地置于氨气等有害气体的“熏陶”之中，加上封闭常导致的舍内尘埃，仔猪呼吸道的负面影响可想而知（仔猪每日平均进食饲料与饮水约 4 kg，而其肺脏每日与舍内空气交换的空气重量要达到 15 kg 以上）。

（2）本设计将保育舍床面抬高至 80 cm，既使有一些有害气体产生，对仔猪的负面影响已减至很小。加之舍外及时清粪操作与尿水自然流至舍外粪水沟，使舍内发酵产生氨气等有害气体的粪尿物质减少到很小程度。实践证明，采用这种工艺设计后舍内的不良气味非常明显地少于传统保育舍（武汉汉南区，杨光明等，2006 年，未应验证）。

（3）该项设计的保育舍宜同时配合采用“水暖地坪式控温培育技术”，两边架空处安装可调式卷帘，在冬季室内温度可保持在 18℃以上（室外 1～3℃时），床面保温区温度可保持在 28～32℃，仔猪生长发育良好。其关键的注意点是：必须防贼风进入舍内，因而卷帘下端可缝置重物直抵地坪面至无缝隙状态。

（4）保育舍床面抬高至 80 cm 的外清粪新工艺，可使仔猪免遭氨气等有害气体的侵害，同时也使产生有害气体的机会减少至很低程度。在夏季，架高的床面与窄跨度使舍内通风更畅，更易干燥和凉爽（断奶后第 1 周需保温时除外）。无疑，该项措施对仔猪健康尤其是呼吸道健康的福利贡献是巨大的。

（5）窄跨度的保育舍使投资用的建筑材料节省

20%以上，且丝毫不比同等长度的传统跨度保育舍所饲养的仔猪少，因而也是一项节约型创新设计。

第六节　猪的垫料饲养技术

一、基本概念

猪的垫料饲养技术是指在平养的环境下，在水泥地坪上放置一定厚度的垫料（稻草、锯木屑、软麦秸、软玉米秸等），使猪只在其垫料（有人还在其中接种微生物）上生活的一种饲养方法（常用于冬春季）。

垫料饲养常用于种猪的妊娠与哺乳阶段，也有人将该方法推广至生长肥育猪阶段，不过其垫料中常会接种多种微生物，用以发酵分解粪尿中有机质，使其减少臭味，提高使用后垫料肥效。

二、实施方法

（1）一般在转栏消毒干燥后，将晒干的、来源卫生的稻草等垫料铺满整个栏圈（须有固定食槽与饮水器），平均厚度不低于 15 cm（宜 20 cm 左右）。猪只日常排泄尿和饮水时漏水渗透至垫料底部，少时自然吸干，多时顺地坪倾斜坡导粪沟流出栏外。粪便以人工收拣运出为主，部分蹭至垫料下。

（2）如果采用发酵垫料（大多数采用锯木屑或铡碎禾草等，并接种含可分解有机质的多种微生物）则多用于生长肥育猪阶段，垫料厚 15～20 cm。平常不对粪便进行清理，1 个饲养周期（2～3 个月）结束时再彻底清除消毒。发酵垫料由于经过了微生物处理，因而其用于农田的肥效利用率大大提高，同时也减轻了舍内氨气等有害气体的产生。该方法也可在妊娠期

和产仔期采用。

(3)发酵垫料一般1个饲养周期彻底更换消毒1次。垫草栏圈更换视状况而定，一般1个妊娠周期中途更换1次(直接带猪更换，将地坪打扫干净后再铺干草)；哺乳期无须更换草料，周期结束后彻底清除消毒待用；如垫草用于生长肥育猪阶段，则可每个生长阶段更换1次(如达到35 kg，65 kg，出栏时)。

三、垫料饲养对养猪福利的贡献

垫料饲养实际上是我国传统的养猪习惯，只是近几十年来随着集约化与规模化程度越来越高(大)，使垫草饲养难以实现，从而代以铁栅、限位高栏、漏缝地坪等机械化作业。实际上，中等规模化猪场实行垫料饲养，可以将粪、尿、水对猪体的不良刺激减少到非常低的程度，并且顺应了猪喜在垫草上生活的原始习惯，无疑也是满足了生猪的生理福利需求。

由于垫料的隔阻作用，猪只体表直接接触的是柔软的草料类，不仅保持了干燥，而且利于保温，并具轻微按摩作用，这些作用对于保证猪的健康是十分有益的。

由于大大减少了粪、尿、水直接刺激和污染猪体的机会，从而也减少了猪只感染病原微生物的机会，即减少了发病的可能。

垫料，尤其是发酵垫料，是十分难得的有机肥料(垫草经运出堆闷后利用)；同时，由于基本上省去了每日的清扫工作，饲养员的劳动福利得到更多体现；更值得一提的是，垫料饲养可以最大限度地减少或避免用水冲圈的作业方式，对保护水资源和减少污水对环境的负影响具有十分重要的环保作用。

采用该办法饲养密度更适中。一般妊娠母猪可2～4头装一圈，每头占地面积不低于3 m^2；哺乳母猪单

圈饲养，面积不低于 6 m²；生长肥育猪 8～12 头一圈为宜，每头占地面积不低于 1.2 m²。

第七节 猪的限制放牧饲养技术

一、基本概念

猪的限制放牧饲养技术是指将猪只放置在周边建有栅栏的区域内并使其具有相当自由活动空间的一种饲养方法，同时配备饮水装置、食槽和休息棚舍。

二、实施办法

（1）一般选择地势比较高的向阳开阔地带，如小山坡、丘陵荒草地等。根据所养规模大小（一般以养土杂生长肥育猪为主）征地，平均每头占地面积不低于 20 m²。周边用铁丝网（或硬木桩、多孔砖墙等）围固，棚舍采用砖草结构（或砖瓦结构），地坪直接使用土质（先行压辗，上面铺垫草）或混凝土。一般实行大圈饲养，每圈 20～30 头不等，猪只可自由选择。在休息棚舍外侧放置若干个固定的食槽和饮水槽（也可用饮水器），上搭遮雨棚，还可修建专用于夏天的嬉水池。所饲养生猪有足够的空间和时间在土地上玩耍（拱土、互相追逐等），饲养员可时常丢一些青菜让其嬉食。

（2）如哺乳母猪采用该办法饲养，则每头母猪占地面积不低于 100 m²；一般单圈管理（放垫草），也可两窝一圈。其他同上。

（3）每批饲养周期结束后，整个场地需进行认真清理、消毒。空场 1 周左右即可投入使用。

（4）放牧场地应远离周边农户，宜隔 3 km 以上。同时，周边栅栏的密度要适中，同时，要防止其他家畜禽

窜入场里。还需做好防鼠工作(在栅栏外侧放置夹鼠器、合法诱饵等;晚间食槽做到无余料)。

(5)经常检查栅栏的牢固性。禁用电网。

三、该方法在养猪福利上的贡献

该饲养方法较大限度地满足了猪只喜游耍和拱土的生理天性。可明显减少可能因拥挤或终身不接触土壤而导致的互相撕咬等恶癖。

冬春季放养时其休息地面利用垫草做窝,可保持猪体睡觉时的干燥与温度;而在夏秋季,由于场地开阔,通风良好,加上休息空间较大,故猪会感到凉爽;修建的嬉水池可降温防暑。

猪只蹄部在这种饲养环境下更多地接触土地或垫草,从而显著地减少了在全水泥地坪环境下容易导致的肢蹄病可能性。

这种方法基本不存在污水问题。猪只排泄的粪便可由人工收拣,尿、水自然渗入地下。这不仅不会对环保带来压力,还可涵养土壤与植被(可1～2年换另一坡地放养,棚、栅做成可拆移式)。

第八节　舍饲设施改良技术与生猪福利

一、妊娠母猪限位栏改良措施

由于限位栏可以方便妊娠母猪的管理,可以节省建舍面积,且造价较低,因而大多数上规模的猪场会采用限位栏饲养。然而,限位栏限制了母猪的自由活动,尤其是许多猪场的限位栏制作思路欠佳,以为在普通水泥地坪上装一个简单的钢管笼子把母猪赶入就可以了,至于母猪关在窄小的笼子里过得舒适与否(主要是起卧是

否有常滑倒现象；饮水器高低是否合理；地坪后端是否湿脏；母猪腹部是否长期像坐水牢等）则较少关心。事实上，经作者调查与观察，许多猪场返情率高、流产率高、难产死亡率高、因肢蹄病淘汰率上升等，除了疾病因素外，更多的是母猪所处的限位栏环境太差（脏、湿、滑现象）所诱发。

作者摸索限位栏改良方法有两种。第 1 种是用于新建猪舍，采用板条半漏缝水泥预制地板，并架高（20～25 cm）饲养。地板前 3/5 为实心并收毛光；后 2/5 为板条式漏缝结构，板条宽 8 cm，漏缝宽 2 cm，板条面也收毛光。前置料水合一式水泥预制食槽，引水器直接垂直安装在食槽内（离锅底或槽底部 5 cm）。限位栏宽 65 cm，高 115 cm，水平固置；后端设有伸缩装置，设室内尿水沟，采用人工收干粪。第 2 种是对现有不合理限位栏进行改造。主要是针对栏后端无漏缝板或有漏缝板但起不到及时滤尿水效果的限位栏。方法如下：腾空栏后对栏后端约 1/3 处砸烂原有地坪，并按一定倾斜度挖出滤尿水坑（根据外粪沟深浅选择，接抵粪水沟处为 10～20 cm 不等）并用水泥尽量收光以便尿水及时流入粪水沟。上盖事先预制好的板条式水泥板（规格同第 1 种方法）或铸铁板。如果原有漏缝板只是因预制不合理，则更换新的板条式或铸铁板即可。总之，整个地坪要尽可能保持尿水及时滤走，对饮水器高度合理调整或更换为料水合一槽。对采用地面通槽饮水装置的，进行边缘加固，以母猪饮水时不溢漏至地坪前端为准，以确保干燥（更详细介绍可参考《今日养猪业》杂志 2006 年第 1 期）。

作者在实践中得出，如果无法实施宽环境饲养，那么妊娠母猪实行板条半漏缝式架空饲养是适用可行的

改良方法。这种方法也体现了养猪人对妊娠母猪的福利关照，其优点主要为：保证了地板持续干燥（滤尿、水及时无滞留，水料同槽装置使栏前端不受饮水漏射影响）；保证了猪体表基本卫生；使夏秋季更通风凉爽；水平置地板使母猪无后滑斜睡之苦（一些猪场为便于滤水，将限位栏地板后端做成一定坡度）；板面干燥使滑蹄现象大为降低，从而减少了肢蹄机械性致伤；65 cm 的较宽限位栏和后端的伸缩装置可使母猪起卧更畅，且无掉头之忧。

保证限位栏母猪在一个持续干燥、地坪不滑、通风、相对卫生的环境下饲养，是提高母猪繁殖成绩和利用年限的关键措施之一，同时也体现了养猪人对母猪的福利待遇。

二、产床改良措施

作者在多年的实践中发现，虽然普遍应用的产床使仔猪离开地面并受到隔栏保护，减少了接触感染病原微生物的机会和被压、被踩死的现象，然而却给哺乳母猪带来了诸多不舒适。限制活动自然不必多言，更需关注的是普遍存在如下问题。

一是饮水射漏问题。大凡母猪啃咬饮水器，无论是短时间还是长时间，都会有约 1/5 的水顺嘴角流或射至产床地板，有时可见前 1/2 地板因饮水的射漏将其弄湿，水溅到仔猪身上更是常事。这种现象夏秋季尚可忍受（对乳、母猪身体同样不利），在冬春季就糟糕了，母猪腹部睡在潮湿地板上会弄脏乳头，仔猪身上所溅水珠和地板潮湿会夺走难得的体表热能，进而导致一系列对母仔健康不利的症状。

二是母猪限位栏大都为 60 cm 宽，栏两侧有固定的防母猪爬出的阻隔栏杆钢管和若干个（5 或 6 个）斜在

栏杆上焊接的短支外弯式钢管。实际生产中常会发生经产母猪侧卧休息或哺乳时由于乳头至背部宽大都为70～80 cm，故乳房的外侧会挤出限位栏杆外，扩大产床下部空间十分有限的外弯式短支钢管会挤压乳房和乳头，导致乳房血液循环受阻，仔猪吮乳时无法找到乳头或因受挤压而吮乳不畅等。

三是母猪起卧费力。

四是栏后部未留缓冲过道，母猪偶尔后坐时压残刚好走过的仔猪等。

五是有些限位栏较短(仅 200 cm)，加上铸铁槽占了空间，有些经产母猪头部要斜睡在铁槽上，只有忍受而无法诉说。

针对上述较普遍存在的对母猪健康不利的现状，建议的改良措施如下。

(1)彻底改革饮水方式。改变传统饮水器的放置地方，换之以料水合一的水泥预制食槽，将引水器直向下安装在食槽内，离食槽底部约 5 cm，食槽底部用球状物收光处理，保证余水始终在园槽底部中央凹处，槽膛周边自然过渡无死角。实际中使用这种食槽的母猪十分适应这种结构。饮水时用鼻吻轻触饮水器，水即流入圆槽内，然后按自然方式饮水；更可依喜好将干粉拌和成含不同水分的潮料，无需人工先加水拌料。槽口采用椭圆状，周围边缘设计成由内向外平行突出状(1.5 cm)，这样母猪饮水或采食时不会将水及料带出槽外。

(2)将限位栏侧面短支钢管由普遍的外弯式改为内弯式，并将其末端用橡皮套套牢，这样增加了母猪的躺卧空间，也有利于母猪的乳房保护、仔猪背部免受擦伤与正常哺乳(可参考本书彩图)。

(3)将限位栏侧面短支钢管更改为可上下调节的钢杆，并将后端设计成可拉开式。这样，既可上升调节又

可在后端扩宽式的设计十分有利于母猪的乳房保护与正常哺乳。侧面钢杆后端可调节设计也有利于起卧行为,因为多数母猪站起时总是先立后腿,卧下时也多数是先往后坐再放下前腿。后端适度调宽后有利于这种习惯的保持。

(4)将传统的60 cm限位栏宽改为63～65 cm。实践证明,新建产床母猪限位栏宽改为65 cm后,起卧的容易度改善。在栏后端设计可伸缩的挡杆(一般为三挡),既可防止母猪掉头,也可防止因母猪突然后座而压死压残不巧正走过的仔猪。如果考虑首胎母猪个体较小而担心掉头,也可以设置一部分60 cm宽的限位床(或拿出1个产仔单元专供头胎产仔)。

(5)将限位栏长度设计为220 cm可以解决因栏短而导致的母猪头部斜睡在食槽上的现象。有时也可见到该现象,但并非栏长短的原因,此时要小心调教,使母猪放弃这种不良的头部卧靠习惯。

当人们希望母猪在哺乳期表现好一点的时候,我们应该首先想到如何让其生活得更舒适一点。因为母猪感觉越舒适,其心情也就越好,其泌乳护仔表现也就越优秀。上述种种改良措施无不包含了对母猪的关照。因为在产床上,母猪的舒适度除了气温、通风状态、饲料品质、水质与水量外,更多的是依赖其限位栏设施的合理性。总之,一切能使母猪保持地板干净、站卧自如,哺乳无碍、采食饮水自然和无其他可见不适等的措施都会有利于其哺乳母猪的健康与表现,进而有利于哺乳仔猪的健康生长与成活率的提高。

经常会听到一些养猪人说,明知道产床设计不尽合理,但认为木已成舟,不好改造,将就也行。但如果我们的观念改变,并马上付诸行动,哪怕改进一点点,就会收到更多的福利投入回报,其道理不言而喻。

三、生长肥育猪栏圈改良措施

生长肥育猪相对管理比较粗放，因为人们的大部分目光往往放在母猪与仔猪身上，这也不错。不过，对于一个商品猪场而言，其生长肥育猪是收获的阶段，如果该阶段生长与饲料利用率成绩更优秀，则其效益会更高。

此阶段猪只的栏圈大多为单列式，每圈 15～30 头不等，地坪为水泥铺制，粪水沟大都设在墙外，也有的在舍内设暗沟。一个在现实生产中常见的现象是，因水泥地坪极易弄脏（尤其在夏秋季），可是饲养员不管水的来源，总是一个劲地用水冲洗栏面，一方面栏是暂时干净了，也省了清扫劳力，但却带来的却是满圈高度潮湿（潮湿在任何时候对猪都没有好处），粪便冲稀后流入粪沟外排带来环保压力。另外，由于大部分圈面一半以上又湿又脏，猪无法躺卧，故圈面实际使用面积往往不到设计面积的1/5，造成浪费。在 2005 年 12 月初作者为广东惠州一家猪场作现场服务时，看见 1 位管理人员正对着 1 位女饲养员苦苦劝求：因干旱我们场的水只够用一星期了，不要再用水冲圈了，好吗?！那位饲养员不以为然：你看猪圈这么脏，不冲怎么办?

办法是有的，以下是对生长肥育猪栏圈的设计方案，并通过近 4 年的观察，表明适用可行。

湖北荆州明鹰生态农庄养猪场场长苏泽民在作者指导下，通过比较摸索，为了给生长肥育猪创造一个干燥、适温、凉爽、通风的环境，大胆采用高架板条式半漏缝水泥制地坪及配套的改良栏舍，在实际生产中获得了很好的回报。这种地坪及栏舍结构设计如下：

（1）在新建育肥猪舍内，采用双列式栏圈设计；中间留 1.1 m 宽多用通道；每个栏圈面积 12 m^2；

(2)地坪直抵两边隔墙(预设 12 cm 突出粪口),其中 1/3 为实心板,2/3 为漏缝板条式混凝钢筋制地板,板条宽 9 cm,缝宽 2～2.2 cm;

(3)整个地板抬高 80 cm,底部地坪呈 30°坡度并用水泥收光,粪沟在两边墙外侧;

(4)靠走道边设有半自动食槽,自由采食;

(5)房舍架空处(80 cm 空间)设用卷帘布(类似帆布质地),固定上方,向下调节;

(6)屋面瓦结构,滴水处下延 80 cm 挡板(一种轻质材料),下留通栏窗户,窗户高 50 cm,同样设用卷帘,以调节室内气温与空气流通。

整个圈舍设计的思路更趋向于解决在南方地区夏季漫长的高温天气和一年四季的高湿度天气。

经近 4 年的实际应用,这种架高板条式半漏缝地板具有如下优势:

①显著地减少用水量。实际生产中,一般猪场生长肥育猪的用水量要占到全场总用水量的 70%以上(一个年出栏 10 000 头的商品猪场,年平均日用水量要达到 100 t 以上)。经计量,与同等规模饲养头数的传统地坪栏圈结构比较,采用本办法可减少用水量 70%以上,这意味着整个猪场减少了约 1/2 的用水量。这主要得益于地坪干燥卫生,无须冲水洗栏。

②洒落的饮水、消毒冲水或夏季偶尔冲洗用水(实际操作中极少带猪冲洗)通过漏缝地板流到斜坡地坪上,再流入污水沟。大多数状况下干粪会通过猪活动时踩至掉入板条下的积粪斜坡(人工于墙外清掏出定时运走),少量干粪通过出粪口用人工清扫至窗外积粪沟运走,几乎不留残粪死角,因而大大减少了臭气与苍蝇滋生的可能,同时节省了扫粪的劳动量。

③可保持栏内地坪持续干燥。尤其在夏季，凉爽干燥对生长肥育猪是十分有益的；在冬季，干燥地坪更是难得。

④在热季，可适时通风。将上下卷帘卷上，猪舍通风进口面积比一般猪舍大 2 倍以上，热空气交换从栏圈底部开始，避免了传统猪舍下部难以通风的弊病。在冬季以封闭卷帘为主，中午气温高时进行短时适度开放卷帘，进行空气交换（每次约15 min），以保持舍内空气质量。一年四季适当的通风，减少了舍内病原微生物的积累，使得在当前流行的呼吸道疾病在猪场内几无表现（每月自宰肥猪表明，肺部病变极难见到）。

⑤生长育肥猪生活在干燥、清洁、几无臭气、病原微生物含量很低的优越环境中，大大减少了因病原微生物刺激而引起的特异性免疫应答所导致的营养耗损。该场种猪无须做过多的免疫接种，只做猪瘟口蹄疫与伪狂犬病的免疫，商品猪只做猪瘟与口蹄疫免疫。建场近 5 年来，未发生疫病。

⑥虽然一次性投入较高（比传统猪舍高约 20%），但舍内实际使用面积增加了约 1/6。这是由于地坪干燥卫生，均可躺卧，1 个 12 m^2 的栏内养 11～13 头大猪也显得较宽松（该场采用原窝饲养为主）。同时，又设计为双列式，而一般传统肥育猪舍单列式多见。根据匡算，同样一栋 500 m^2 建筑面积的猪舍，采用本设计可一批饲养 500 头左右，而传统猪舍仅饲养约 400 头。因而，在造价上是合算的。

⑦关心生长育肥猪的环境福利（干燥、通风、适温、凉爽等），它们会给养猪人带来高额的回报。该场在单元产仔舍与单元保育舍采用水暖地坪式控温专利技术，实施 21 日龄左右断奶，培育健康的仔猪个体（63 日龄

平均体重达 24 kg)，加上配套的饲养管理与配制均衡的日粮，2005 年度该场 24～100 kg 阶段的生长肥育猪平均日增重普遍达到 850～950 g，特别优秀的可达到 1 300 g；平均料重比 2.41∶1(同地区猪场该阶段料重比为 2.8∶1 左右)；其千克毛肉增重总成本仅为 6.81 元，与同地区规模猪场 7.6 元左右的千克增重保本点相比，每头猪要多创收益 60 元以上。

⑧实践证明，当转入的小猪健康，饲料营养均衡且自由采食并保证一定是干净饮水，在架高板条式半漏缝地板结构上饲养，保持良好通风、合适气温与持续干燥，生长肥育猪阶段就会表现出惊人的生长效果，且肉质品质优良。2005 年 6 月中旬作者应邀会同华中农业大学的邓昌彦教授和武汉市畜科所的谭美容教授等在该场进行了在架高板条式半漏缝地板环境下饲养的大猪屠宰鉴定，经现场分割与测算，无调料白煮品尝，加调料炒、煮、炖后品尝等，综合评定如下：

试验猪耳号:33706 性别:阉公 胎次:3 胎

屠宰测定:

屠宰日龄:151 d

宰前活重:110.2 kg

胴体重:83.1 kg

屠宰率:75.4%

瘦肉率:63.5%

肉质评定:

系水力:93%

pH_1 值:5.9

肉色评分:3.5 分

大理石纹:3 分

品尝评定:

口感：优

嫩度：优

味感：味鲜、无异味

肝、肺等内脏：健康、无异常

由此可见，在优良饲养条件与环境下饲养的生长肥育猪，即使生长速度接近其生长极限，其肉质品质和口感仍能达到理想状况，这不能不说是创造了一个福利养猪的奇迹。

第九节　母猪、仔猪的特殊照料措施

一、缩短母猪产程

所谓产程，一般是指第 1 头仔猪娩出到胎儿全产出后至胎衣排出的这段时间。一般为 2～3 h，且大约 70%会在夜间产仔。在生产中常见到产程超过 4 h 的现象，产程过长会导致难产、死产率增加。仔猪在产道时间越长（如超过 25 min，正常为 15 min 以内），其因缺氧所致的虚弱、假死现象就越多，常导致不能正常吸吮初乳而以僵猪或死亡为转归，同时母猪由于产道与外界开露时间延长而增加了感染机会，还会因助产导致可能更多的产道创伤，子宫复原时间推迟等，对母猪健康与福利不利。

引起产程过长的原因较多，如妊娠后期营养不合理、缺铁性贫血、产前过早过度减料（一般离临产 1～2 d 适当减料，当日可不喂料，无需再提前减料）而使母猪体能缺乏，特大胎儿（体重超过 2 kg）、产仔中过热过冷、催产激素滥用等，尤以首胎出现的产程过长为多见。

实际生产常会采取注射催产素和静脉注输葡萄糖与 ATP 制剂，以提高激素刺激和分娩能量，一般会奏

效，但有时也无济于事。有资料显示，多次使用外源激素如催产素可能会对母猪健康带来不利影响，如产后无乳、产程延长等。

一种名为“母乐健”的产品可能会给母猪带来生产的福音。“母乐健”的主要成分为糖昔类植物提取物及有机铁等。据有关试验证明，在生产中应用时可使85％以上母猪的产程缩短至150 min左右，并有促使母猪白天分娩的趋势，这降低了生产中常出现的仔猪缺氧风险，使死亡率明显下降，同时顺产使母猪产后体况恢复时间加快，有利于哺初乳和产后采食量的较快提升。同时，饲养员守护的时间也相应减少。据试验报告介绍，使用这种产品在产前3～4周开始在饲料中拌和使用可获得较理想的效果。

缩短产程除了应用一些保健性添加剂外，还要在妊娠后期饲养饲料管理上、在产前合理减料上（当日只喂1 kg或不喂，但保证充足饮水）、在尽量保证生产时适温环境上（12～24℃为宜）、在合理适时使用催产素上等做到位，以保证母仔平安。

将产程控制在150 min内，或产仔间隔控制在15 min内，是母猪生产顺利的时间标志。所产仔猪产出后10 min内能自动寻觅乳头并吮吸初乳，是衡量乳猪健康活力的重要象征。在生产中采取一些有效措施来达到顺产目的，不仅对母猪健康有利，也直接对仔猪产后健康及日后生命力产生积极影响，同时也能减轻饲养员的守护体力付出。

二、特定生产状态下的特殊“光照”

（一）产仔期间

一般母猪正常产程为3 h以内，也有部分母猪延长

至4～6 h，且大多数集中在夜间。仔猪出生前在子宫内的温度约39℃，出生时的外界温度因季节与产房条件不一而差异很大，夏秋季20～30℃；冬春季10～20℃。不难得出，即使在夏秋季，也会使出生前后的平均温差达到10℃以上，冬春季更达20℃以上。很显然，如此大的温差对刚出生的仔猪而言是一个不小的应激。因为在操作程序上，饲养员会有一个接产后处理脐带，除掉鼻、口腔及擦干周身胎液的过程，这个过程即使熟练的饲养员也要大约1 min。而这1 min因较大温差所导致的负面影响（首当其冲的是主动吸吮初乳时间可能会推迟）往往在实际生产不会引起重视。一个简单而实用的办法是，在产床后端对应母猪后躯产仔区域，吊一个100～150 W的高性能红外线灯（配置灯罩），距产床面高40～45 cm。接产时，打开灯即可在其灯下温暖处操作，完毕迅即移至适温（32～34℃）干燥的保温箱内，直至胎衣排出后再移走红外线灯。这样，乳猪从出世一直在一个温暖（温差很小）的区域内度过最初的几十秒时间，大大减少了冷刺激影响，并能加快仔猪初生后生理性体温下降（肛温显示）后的恢复时间，进而为下一步的吃初乳做好体能准备。同时，对母猪的臀部和外阴部给予温暖呵护，对减少其产仔体能消耗和顺产都有裨益。

生理性体温下降是指仔猪出生后30 min左右，其体温（通常测肛温）会从39℃左右下降至36℃左右，然后0.5～1 h恢复到正常体温的过程。肛温跟踪观察生理性体温下降后恢复至正常的时间越短，对乳猪吸吮初乳越有益，而初乳对乳猪断奶前生命力的非特异性保护作用是众所周知的，所以在产仔时吊上一盏红外灯，给初生乳猪和母猪带来福利性温暖“光照”，其益处不言而喻。

(二)仔猪出生 5 d 内吮乳时

产房内母猪需要较低的温度(不超过 22℃)而仔猪却需要较高的温度(不低于 30℃),这一矛盾永远不会双方都能兼顾。对于大多数地方大多数季节来说,产房气温为 10～25℃。仔猪每昼夜要平均走出保温箱吃乳 10 次以上。当仔猪走出温暖的保温箱时,会遇到至少 10℃左右的温差刺激,尤其是产后 18 h 内吸吮初乳时,所受负面影响更大。

同前所述,一种较为简便而通用的办法是在限位栏两侧哺乳区各吊置一盏或两盏可调节的红外灯(100～150 W)。饲养员只要发现仔猪走出准备吃乳(母猪躺卧吭吟更易察觉),即开一侧灯给予温暖光照直至母猪放乳结束。有试验资料表明,采用光照局部供暖措施与不采用光照措施相比,仔猪 21 日龄断奶时的平均体重可望提高约 0.35 kg,成活率提高 2%左右。局部供暖时间一般不低于仔猪出生后 5 d,事实上,多几天时间对仔猪健康更有利。由此可见,虽然局部光照措施会给饲养员管理带来不少麻烦,还有电费及灯泡费用支出,但人们很快得到的却是给予福利关照后更多的回报。养猪挖潜,应从一点一滴的细致管理入手才是。

三、断奶后第 1 周的特殊照顾

仔猪断奶后第 1 周是猪的一生中最脆弱最困难时段,其众知的主要原因在于:

(1)母源抗体的保护力下降,尤其是肠道母源抗体几乎消失,而新的主动免疫功能尚未建立,因而表现为对病原微生物易感染,特别是肠道大肠杆菌易乘机发难。

(2)肠道主要是小肠绒毛生理性缩短,隐窝加深,吸

收营养物质的总表面积变小，常表现为消化吸收不良性腹泻。

（3）胃肠道各种消化酶系统尚未完善，胃中激活胃蛋白酶的盐酸分泌明显不足，肠道 pH 值偏高，因而常表现为对植物性原料（豆粕、玉米）的不适应。

（4）饲料由液态变为固态，常因肠道应激与适口性问题导致采食量偏低，进而日增重达不到要求，表现为滞长甚至掉膘。

（5）环境改变剧烈。如果能为刚断奶猪创造一个比产仔房休息区更温暖的实感温度环境（高 2℃左右），并提供卫生、干燥、空气质量良好的生活环境，则这一问题不会对仔猪带来负面影响，否则，就会给仔猪带来因环境不适应而导致的严重后果。

如何做好仔猪断奶后第 1 周的平稳过渡，长期以来成为许多猪场的一块心病。虽然为其创造一个适宜仔猪生活要求的优良环境，提供优质的仔猪饲料，加上合理合栏与细心的护理等已成为许多养猪人的共识，但在实际生产中仍然有相当部分养猪业主不以为然。这并不是他们没有资金与精力投入，而是在这一特殊时段的重要性认识不清，观念陈旧。所以，要想做好这一时段的饲养工作，我们需要在头脑中牢牢树立如下基本观念：

①仔猪断奶后是猪一生中最需要特殊呵护的时段，甚至比吮乳期更重要。

②仔猪断奶后的实感温度比在产仔房中休息区内的温度还要高 2℃左右。

③采食量与日增重成正相关；而日增重与肠道绒毛发育成正相关；与体内免疫细胞的分裂增殖成正相关。因此，提高采食量是关键措施之一。

④断奶后第一周平均日增重越高，其后期生长优势越明显，且可一直保持到上市。众多国内外试验证明，1个断奶后第1周日均增重达到100 g的仔猪群比同龄日均增重为零的仔猪群提前出栏5 d以上；如果后者出现掉膘，则出栏时间会更延迟。

⑤在商品猪全程，为断奶后仔猪尤其是断奶后第1周仔猪重点投资并提供尽可能优越的环境与优质饲料，实质上其回报率会更大。

当我们知道了断奶后第1周仔猪的特别困难因素和建立了需要重点护理的观念后，如何饲养这一特殊时段的仔猪就不再是难题了。

①尽力打造适温干燥环境。可采用水暖地坪式控温技术、水热空调、热风炉、煤炉、红外灯等方式保温，地坪上尽可能铺上木板、干草等。

②采取小单元全进全出饲养方式，为其提供一个卫生、干燥、空气质量优良的舍内小环境。

③选用优质仔猪料。目前市场上有许多知名饲料公司生产高档仔猪料，且可供选用的品牌较多。这些商品仔猪饲料虽然价格昂贵(5 000～7 000 元/t 不等)，但可以起到一般自配料难以达到的饲养效果(主要是含有大量乳制品、免疫球蛋白、无抗原大豆制品、膨化玉米等)。

④尽可能实施断奶后原窝培育，以减少混群后的心理及社交应激。

⑤保证每头仔猪一个料槽位。实践中观察到的刚断奶仔猪有同时采食的习性(可能源于同时吃乳习惯)，如料槽位不够，后面的仔猪其采食兴趣会明显下降。因而，采用本做法就显得尤为必要。另一种方式是不用料槽，直接在地坪或木板上喂食，但和有足够料位的专用

食槽相比，后者的饲养优势还是多一些。因而，建议使用有足够料位的食槽（如本身设计的食槽料位不够，外加一个可移动式环形自动食槽即可实现）。

⑥尽可能采用流质饲料，5 d 后逐步过渡至固态料。这样可以缓解从液态乳到固态料的胃肠道不适应性。

⑦安排有责任心和福利观念的工人去管理断奶仔猪。

第十节　1∶4 栏内诱情技术

一、原理

将预计要发情的母猪与成年公猪近距离的、非体肤的直接接触（仅鼻吻突可接触），通过公猪特有气味和雄激素表征信息与母猪交流，母猪下丘脑——垂体——卵巢系统活性升高，促使 LH 与 FSH 分泌增多，卵泡成熟时间缩短，母猪得以提前发情。

二、设施

1∶4 诱情栏（所有栏隔均为钢筋制栅栏，空缝10 cm左右），如图 5-1 所示。

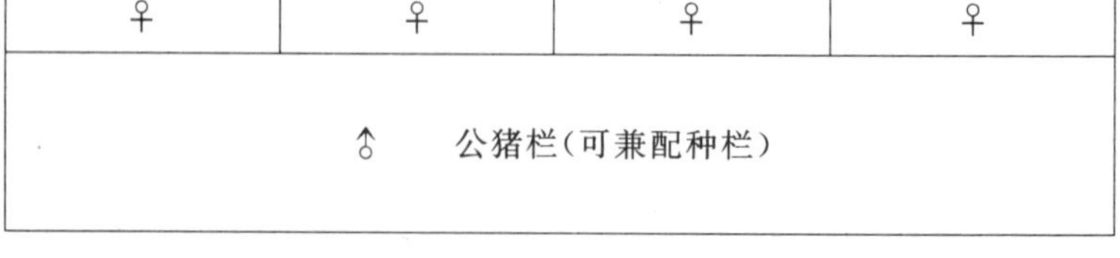

图 5-1　1∶4 诱情栏

一个诱情配种栏，可饲养 1 头成年公猪，4 头待发情母猪（刚断奶母猪为主，后备母猪也可以）。

三、操作

将断奶的母猪(或达到体成熟的后备)母猪,赶进诱情栏内的母猪定位栏,每个栏内1头母猪,均可与另1头公猪隔栏相闻。经此饲养1周左右,可诱导母猪较快发情配种(或人工授精)。

第十一节　猪群健康监测技术

猪群健康监测技术的实施可以帮助有疫病问题的猪场尽快找到原因,以便及时采取正确的对应措施;可以帮助尚无问题的猪场总结经验,找到潜在的有损福利的因素,防微杜渐。

一、日常健康检查

日常健康检查是例行检查。猪场兽医应在清晨扫栏与喂料前检查1次,继而在喂料时检查1次;饲养员则应随时观察之。

(一)猪群健康检查

猪群健康检查要求检查者非常熟悉猪群的正常状况,熟悉生猪的生物学特性,熟悉本场条件下的生活习性,否则难以达到目的。检查内容概述如下:

在静卧休息状态下:

呼吸频率与呼吸式、咳嗽,皮肤与被毛的性状(完整性、光泽、颜色),休息状况(均匀分散、起堆、孤独离群、异常姿势),肌震颤状态等。

在活动状态下:

行走姿势、起卧姿势、四肢关节形态、鼻露、眼露、泪斑、异常行为、阴门恶露、排粪、粪便性状、排尿、尿液性

状、离群、精神状态。

另要检查采食状态，必要的体温检查，特别注意新生仔猪的状态与哺乳母猪哺乳、采食、粪尿、乳房等状况。

(二)种猪健康档案

种猪在猪场一般要生活 4 年左右，发生各种疾病的概率比商品猪大得多，病种也复杂得多，有的疾病以慢性病的形式出现，症状轻微，不了解种猪个体生理指标与健康状态常常难诊断，因此，种猪健康档案的建立十分必要。

种猪健康档案内容如下：

妊娠早、中、晚三期的正常体温，呼吸率，心率，分娩当日与产后 1～3 d 的体温常数，产程、每胎生产成绩，配种公猪号，发病记录档案(既往病史)。

二、疫病发生的应急预案

无论猪场的生产成绩多么的骄人，无论猪场中稳态安全度多么高，随时都有可能发生地方流行性疫病与流行性疫病，因为许多疫病发生的环节并未被认知，影响疫病发生的变数比比皆是，谁都不能担保猪场不会发生疫病，因此，应对突然性疫病制定应急预案，是每个猪场必须认真对待的。

(一)预案制定的原则

(1)要有及时发现与报告的机制：从组织制度上落实到饲养员、兽医以及相关人员。

(2)本着早、快、严、小的方针制定行动计划。

（二）预案的技术路线图（图 5-2）

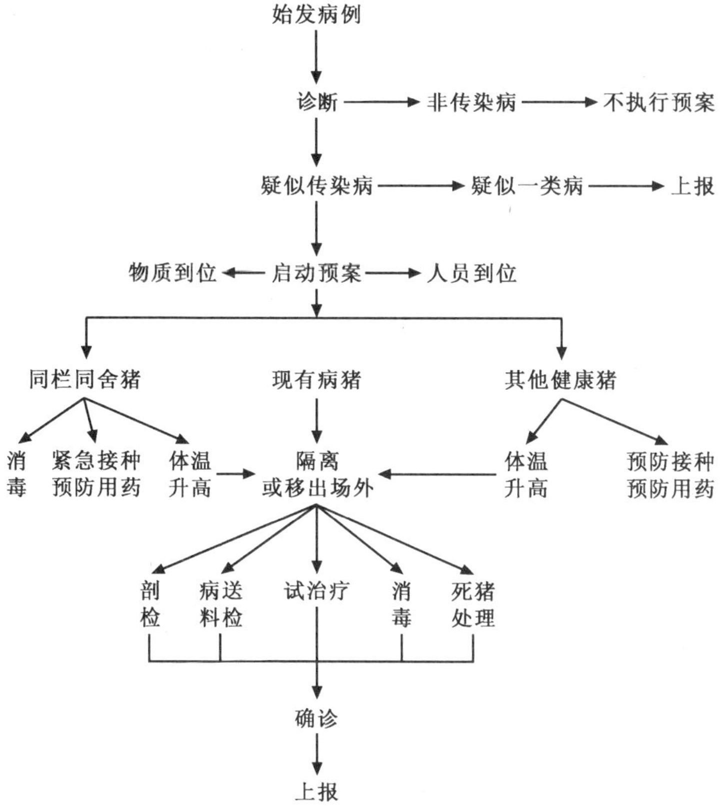

图 5-2　应急预案的技术路线图

（三）检讨

检讨疫病发生的原因，制定预防同一疾病再发生的具体防制策略。

（1）若发生地方流行性疫病（一般为猪场内固有的疫病），检讨的重点应在猪场的生产流程、猪场与栏圈的小环境、营养、相关的免疫状况、猪只的免疫抑制等方面。猪场的地方流行性疫病随猪场而异。主要见于细菌性传染病，如链球菌病、副猪嗜血杆菌病、萎鼻、布病、大肠杆菌病、胸膜肺炎放线杆菌病等。猪瘟、圆环病毒

病、附红细胞体病亦在此列。还见于外来传染病大流行期结束后又发生的场内小流行与散发病例，如蓝耳病、伪狂犬病、细小病毒病等。

（2）若发生流行性疫病（一般为场外传入的疫病），如蓝耳病、伪狂犬病、口蹄疫、流感、传染性胃肠炎等。检讨重点应在猪场周边的稳态安全性、猪场的隔离消毒措施、相应疫病的免疫状况等。

三、生长成绩回顾与检讨

优良的生产成绩常意味着猪群的较好健康状况，如果猪群健康状况比较糟糕，肯定不会有优良的生产成绩。但是，猪群今天的正常健康状况并不意味着明天猪群的健康状况也正常，今天优良的生产成绩并不意味着明天生产成绩也优良。生产成绩的优劣是猪群健康与否的镜子，因此，月度、季度、年度性的生产成绩回顾与检讨，是动态反映猪群健康福利好坏的一个佐证。

在猪群遗传因素相对稳定的条件下，与生猪有关的福利得到有效落实的情况下，特别是环境福利、营养福利等得到有效落实的情况下，人与猪关系亲和的情况下，猪群就一定会健康，可能达到以下理想的生产水平与胴体质量。

（一）繁殖性能

断奶/配种间隔	＜10 d
受胎率	≥90%
分娩率	≥85%
产活仔数/窝	≥11
断奶仔猪数/窝（4 周龄）	≥10
每头母猪年产窝数	≥2.2
每头母猪年产断奶猪数	≥22

母猪死亡率	＜5％
母猪年更新率	＜30％
母猪利用年限	2.8～3.2

（二）生长性能

1.仔猪（初生至21日龄）

初生重（均重）	≥1.5 kg
个体重均差	＜0.2 kg
21日龄断奶重	≥6.5 kg

2.保育仔猪（断奶至10周龄）

死亡率	＜1.0％
日均增重	≥400 g
饲料转化率（料重比，下同）	＜1.6∶1

3.生长猪前期（10至16周龄）

死亡率	＜0.25％
日均增重	≥800 g
饲料转化率	＜2.4∶1

4.生长猪后期（17周龄至100 kg）

死亡率	＜0.25％
日增重	≥900 g
饲料转化率（60～110 kg）	＜3.0∶1

（三）全场饲料转化率

生长猪全程（断奶至100 kg）	＜2.5∶1
全群（含种猪耗料）	＜3.0∶1

（四）胴体质量

肉色≥3分

肌肉大理石纹≥3分

系水率≥90％

屠宰率≥75％

瘦肉率≥63％

当回顾与检讨生产成绩时，可先观其总体生产成绩与繁殖性能，再观其各阶段的生产成绩，找出差距并分析，进而制定切实可操作性的解决方案。

四、实验室诊断监测技术的选择与应用的常备知识

大多数猪场在养猪实践中如何选择与应用实验室的诊断与监测技术上处于盲目或茫然之中，常常形成检验技术无法与临床相匹配，或送检材料达不到检验的要求，由此造成时间上的延误和诊断上的模糊，所造成的损失不可轻视。养猪人只有掌握了一些必备知识才能更好地维护生猪的基本福利。

（一）选择与应用的目的

病原诊断、发病调查、流行监测、免疫功能的评价、猪群净化状况的评估。

（二）病料的选择与保存

1. 病料采集保存的一般原则

(1)新鲜的原则：应在病猪死亡后立即进行，或对病猪扑杀后立即进行；并应冷藏保存在 4℃环境中。

(2)无污染的原则：无论何类病料，均应做到无污染，特别是要进行病原微生物分离与培养的病种。要求无污染取料，然后盛入消毒好的干燥容器内。

2. 细菌性病料的采集　不同的病原菌在病猪体内分布情况是不一样的，即使同一种病原菌在疾病的不同时期和不同的病型中其分布也不同。例如，猪溶血性链球菌病，急性死亡病例应采集脑组织，肺炎型的应采集肺门淋巴结与肺组织，败血型的应采集心血；又如巴氏杆菌病，喉头水肿型的应采集喉周围的水肿液，大叶性肺炎型的应采集肺门淋巴结。

实质脏器：采取心肝、脾、肺、肾脏的病变组织及其

淋巴结，无菌剪取 1～2 cm 大的方块，分别装入无菌容器中。

全血：无菌采血 10 mL，立即注入内含 7%枸橼酸钠液 1 mL 的灭菌试管内，并立即混合均匀。

血清：将无菌采取血液 5～10 mL 直接注入空的灭菌试管内，待血液自然凝固后分离血清，或自然析出血清。

粪便：将 6～8 cm 有病变肠段两端结扎，剪下，放入无菌容器内。

流产胎儿：将整个流产胎儿用塑料薄膜包扎放入干净纸箱内。

3.病毒性病料采集　用于病毒分离的病料的采集时期，是在猪体尚未产生抗体之前的疾病急性期，或者是患病猪只的濒死期，或死后立即采集。呼吸系统疾病采集咽喉、气管分泌物，扁桃体；消化系统疾病采集粪便；中枢神经系统疾病采集脑脊液；水泡性疾病采集水泡皮和水泡液；侵犯多系统的发热性疾病采集咽喉分泌物、粪便以及全血；采集病变组织或器官应根据所疑疾病来选择采集，并应连同附属的淋巴结。

组织器官样品的采集：死后立即采集，放入灭菌瓶中，瓶口用蜡密封。若当日不能检测，可用 50%的缓冲甘油(含复方抗生素的磷酸缓冲液)保存。样品瓶一般要放在－70℃以下保存，如液氮罐中，或用干冰保存，亦可用氯化铵 1 份，水 3 份，倒入冷藏瓶中，再密封送检。

粪便、分泌物或试纸采集后应放入无菌试管中，再加入上述缓冲液保存并在当日送检。

尿液、体腔液体可直接采集到无菌试管中。

血液样品采集同细菌性病料的采集。

(三)监测项目的选择

针对传染性疾病，其检测项目一般只有两项，一为

病原检测，一为抗体检测。

病原检测用于疑有新的疫病入侵，不明病原的疫病，无法区别是疫苗毒还是野毒产生的抗体的疾病，带毒检测以及疫病的早期诊断与净化。

抗体检测用于群体或个体的急性感染状态的调查，隐性感染的检测，免疫接种的效果检测，疫病的控制与净化。

（四）送检方应注意的事项

(1)确定检测目的，有助选择合适的样本类型及数目。例如，当发生高发病率、低死亡率的疾病时，若试验的目的是为了明确原发病原微生物，应考虑几种病原体的可能，那么，仅仅采集急性发病猪的血清是不够的，还应采集恢复期猪与未暴露猪的血清，通过免疫血清学反应证实感染猪的病原体的存在。如果发生高死亡率的疾病，那么采集急性发病期的猪的样本常可满足要求。如果为了确定低死亡率的继发病因，那么应选择疾病后期或濒死期的猪，因为原发病原可能已不存在，或被掩盖。

(2)送检样本大小的确定。送检样本的大小受流行率的影响，但是，流行率的计算是不适合一般猪场的，因此，可参考下列流行率行事(表 5-3)。

10％的流行率意味着正常情况下不可能发生的疾病，兽医希望将其排除；

50％的流行率意味着临床上无法确诊，但临床表现与某疾病吻合；

90％的流行率意味着疾病很可能发生，或曾有明确的感染史，但希望得到排除或确诊。

表 5-3　不同猪群不同流行率时送检样品数目占猪群中患病猪的百分数

参照猪群	5%		10%		20%	
	90%[a]	95%[a]	90%	95%	90%	95%
100	36	44	20	25	10	13
250	41	52	21	27	10	13
500	42	53	21	27	10	13
750	44	57	22	28	10	13

（五）检验方应有的责任

检验方应本着对送检方负责任的态度，在检验前应与送检方协商，详细了解发病情况，使检测方法尽量符合发病情况，并应告知所用方法的特异性与敏感性，对于定量试验应告知试验判定方法与临界点，是否需要多种检验以提高检验结果的可靠性。

（六）正确评价检测结果

如何评价检测结果是众多猪场感到棘手的事情，因为它需具备良好的专业素质与较宽的知识面，一般猪场多不具备这样的专业人员。

2002 年 5 月，武汉某猪场报告单表明，种猪 CSF 抗体均在 1∶512 以上，8 头 50 日龄的仔猪的 CSF 抗体有 6 头在 1∶16 以下，2 头在 1∶32(8 头仔猪均在 28 日龄做 CSF 二免，3 或 4 头份/头)，另 8 头奶猪 CSF 抗体均在 1∶32 以上，死亡的断奶仔猪组织、血清样本检测认有 CSFV、PCV_2、M. hyo、P. mc。临床上表现断奶仔猪的 10%～15%的发病率，以呼吸系统症状为主，死亡率为 90%以上。检测单位建议调正 CSF 免疫程序，加注 EP 苗，场方也将免化弱毒苗换成脾淋苗，但仍然发病依旧。经作者判读，认为 CSF 不是原发病，因为场方一直重视 CSF 的免疫，新生仔猪做超免，35～45 日龄二免。所用疫苗均为正规药厂生产的有效疫苗，况且种猪也用

同一种疫苗。EP 也不是原发性疾病，因为 M. hyo 不能经胎盘感染，仔猪感染 M. hyo 无疑是在出生后，且多在 3 周龄后，临床发病多在 3～6 月龄，若在 14 日龄接种 EP 疫苗，要到 15～20 周后才产生细胞免疫，才能阻止肺部病变的发生与发展，事实也证明接种 EP 苗不能阻止发病。真正的原发病原应是 PCV_2，因为 PCV_2 可使胎盘感染，感染率高达 50%以上，也就是说 PCV_2 在 CSFV、M. hyo 感染仔猪前就率先在胎儿时期就感染了，形成免疫抑制。出生后，在母源抗体的保护下，不会发生 CSF，断奶后母源抗体逐渐消失，在免疫抑制的作用下，疫苗抗体又不能产生，发生 CSF 应在情理之中。至于其他细菌均为继发参与。

2005 年 6 月，湖北某猪场拿出种猪血检 PRRS 的抗体结果，请作者判读。检测结果表明(ELISA)，所有基础母猪(未人工免疫)S/P 值<2.0，母猪没有流产症状，产仔正常，检测方仍建议要做弱毒苗免疫，作者认为没有必要，因为 PRRSV 经过几年的流行，已出现自然免疫现象，弱毒不可能取代强毒。经两年半证明，虽未人工免疫，但猪场仍平安无事，生产成绩未受影响。

2005 年 11 月，作者将一猪场种猪血清 10 头份送检 FMD 抗体，结果全部带有高水平抗体，但是该场既未发病又未注射疫苗，提示检测方所用方法的特异性，再次送检改为琼脂扩散试验，结果所有抗体水平几乎为 0。

根据经验与临床验证，判读检验单应注意以下几点：

(1)检验单是参考依据，不能盲目相信，因为检验方法繁多，方法的特异性与敏感性差别很大，无论是何种的血清学反应，都可出现假阴性或假阳性。例如，在 PR

早期用乳胶凝集试验可出现假阴性。

(2)结合猪场实际情况分析检测结果，例如，作者见到不少猪场，在 PRRS 流行结束后，坚持接种疫苗，但仍然发生部分猪出现较前温和的流产、死胎现象、送检认有 PRRSV。经了解，猪场只做 1 次或 2 次 PRRSV 的死苗免疫，未进行第 3 次免疫，所以出现部分免疫的情况。

(3)在有母源抗体存在的仔猪，若要判断是否感染某种传染病，一般要进行 2 次血清学检测。若第 2 次抗体滴度比第 1 次升高 4 倍，方可判为阳性。2 次间隔时间为 14 d。

(4)若对血清学阳性的病猪做诊断，不能仅依靠血清学阳性结果，还需临床症状与病理变化的吻合性支持。未免疫猪，若抗体滴度超过免疫滴度的 4 倍，亦可做出相应的诊断。

(5)感染早期，若查相应抗体可能为阴性，导致错误诊断，因此，在感染早期以查病原为好。

(6)净化，特别是种猪群的净化，须要全体种猪血清抗体阳性结果与病原阴性结果的支持；或者，抗体与病原双阴性结果的支持。

(7)系统稳态的判别：应需要群体(1 000 头以上)中适量血清样本(1%～2%)的抗体阳性结果与猪群无新发病例的支持。

第十二节　猪场灭鼠技术

鼠类是猪场的生物害虫中的重要成员，它不仅偷食饲料，还损害栏舍设施，甚至引发电路短路，发生火灾；更为严重的是鼠类可以传播多种疫病，如伪狂犬病、钩端螺旋体病、沙门氏菌病、口蹄疫、病毒性脑心肌炎等；

鼠类还可携带细小病毒，鼠类还是弓形体病生物链的重要环节；鼠还是许多人类疫病的贮存宿主，如布氏杆菌、类鼻疽假单胞菌、鼠疫杆菌、伪结核杆菌、鼠咬热链杆菌、出血热病毒等等。灭鼠应是猪场稳态安全措施的重要组成部分。

一、灭鼠操作规程总则

(1)猪场灭鼠，涉及人畜安全，必须有猪场负责人领衔负责，做好宣传工作，全体员工认识到灭鼠的重要，人人都是灭鼠员。

(2)组织灭鼠专班。灭鼠剂有专人保管、严格发放手续。配制毒饵要有 3 人在场，投放毒饵要有 2 人在场。不能用手直接接触毒饵，事后应用肥皂和水充分洗手；实施熏蒸与热烟雾技术必须戴防毒面具。

(3)生产区投放毒饵应放置在猪接触不到的地方；生活区投放应做到晚投晨收，防止幼儿误食。

(4)选好药物。不得使用国家禁用的急性灭鼠药，饲料仓库与主下水道可使用熏蒸剂。

(5)选好诱饵。北方多选小麦、高粱，南方多选稻谷。鼠喜油味，可用少量食用油油脚拌饵。

(6)选好时机：

①春季是鼠类大量繁殖期，此前灭鼠可事半功倍。

②进入秋与初冬，田野食物减少，野鼠向猪场大量迁移，此时灭鼠效果好。

③灭鼠前，应整顿卫生，坚壁清野。栏舍夜间无饲料，生活区夜间无食物可觅，迫使害鼠食饵。

④交替使用灭鼠剂，同种灭鼠剂每年最好只用 1 次，不超过 2 次。

⑤突击灭鼠后，每季度灭鼠 1 次。

⑥做好人畜中毒的药品准备与急救。

⑦鼠尸与剩余毒饵要深埋或焚烧。误食饵死亡猪亦同样处理。

二、灭鼠药简介

慢性灭鼠剂有香豆素类与茚满二酮两大类。前者的商品制剂有杀鼠灵、杀鼠迷、鼠得克、溴敌隆、大隆、杀它仗,后者的商品制剂有敌鼠、氯敌鼠、杀鼠酮、鼠完。

作用机理与使用要点如下:

慢性杀鼠剂都是抗凝血剂,进入鼠体后,破坏其凝血机制,致使鼠的内脏大出血而死亡。该类药物作用缓慢,鼠类须经连续几日多次采食才发生蓄积中毒。中毒症状没有急性灭鼠药那样痛苦与惊恐的外在表现,故不会引起未食毒饵鼠类的拒食,灭鼠效果优于急性灭鼠剂。投饵后3～4 d耗饵量达到高峰,第6～7 d出现多量鼠尸,第10～15 d可杀灭绝大部分鼠类。

要连续多次小剂量投饵,鼠类反复多次小剂量食取,使其鼠体内灭鼠剂浓度低,既能使鼠内蓄积中毒死亡,又减少人畜二次中毒的危险。

(一)溴敌隆毒饵

作用特点:为第二代抗凝血剂,杀鼠力比第一代抗凝剂高几十倍。可以一次投药,适口性好,对有抗药性鼠有良好杀灭力,对人畜安全。

制剂与用法:有0.5%母液、0.05%母粉、0.005%颗粒剂、0.005%蜡块,母液与母粉必须配制成0.005%毒饵才可使用。室内:每15 m^2 投毒饵1或2个点,每点3～5 g,鼠情严重者可加倍。野外:5 m×10 m等距投饵,每点3～5 g。

(二)杀它仗毒饵

作用特点:可一次投饵,亦可分批投饵,适口性好,

除犬外,对人畜安全。

制剂与用法:0.005%毒饵。投饵方式:室内2点/15 m^2,每点4～8 g;野外为2～10 m等距投饵,每点4～12 g。若为分批投饵,可间隔7～10 d,第2次投饵。

(三)立克命(杀鼠迷)毒饵

作用特点:适口性好,有香蕉味,对鼠有较好的引诱力。二次中毒的可能性小。

制剂与用法:10 g/袋。比第二代抗凝血灭鼠剂更安全,由于被做成油膏,诱食性更好,使其单项采食量提高,从而达到单剂量灭鼠的效果。每50 m^2投放立克命膏剂100～200 g。

三、灭鼠技术要点

(1)鼠情调查。查看鼠洞、鼠道、鼠迹、鼠粪、鼠咬痕。鼠洞多在墙边、墙角、田垄边、塘沿;鼠道一头与鼠洞相连,鼠道狭小,表面光滑平坦;在猪舍里,因饲料灰尘较多,极易在栅栏上、食槽边、顶棚上发现鼠迹。猪舍内白天夜间无鼠活动,亦未发现鼠迹,可判为鼠害阴性;偶见陈旧鼠粪,夜间无明显鼠活动可判为轻度鼠害;白天不见鼠活动,但可发现陈旧鼠粪与少量新鲜鼠粪,夜间可发现1或2只鼠活动可判为中度鼠害;有较多的新鲜鼠粪、鼠道、鼠咬痕,晚上有2只以上鼠活动,或者白天可见鼠活动应判为重度鼠害。

(2)中度以下鼠害可重点在鼠洞旁,鼠道上布饵,室内可用黏鼠板。

(3)中度以上鼠害应在断粮后2～3 d投饵,投毒后4 d开始搜索死鼠,集中焚烧深埋。最好在14 d后再投饵1次,扑杀漏鼠。

(4)猪场灭鼠应布以3层灭鼠圈。第1层在猪舍内

墙边投饵，第 2 层在猪舍外墙边，下水道边，塘边投饵，第 3 层在院墙边投饵。生活区亦可仿照 3 层灭鼠圈投饵。

(5)每季度灭鼠 1 次，直至达到中度以下鼠害水平，必要时每月 1 次，直至达标。达标后常年坚持季度灭鼠。

第十三节　舍内空气电净化防疫技术

舍内空气电净化防疫技术是通过安装在舍内上空与粪道的电净化系统在工作时脱除 80%～90% 的尘埃，50%左右的有害气体，80%左右的空气中微生物而达到空气基本净化的目的，并且有气雾疫苗的接种作用。

该净化装置由控制器、直流高压电源、电极线、绝缘子组成。采用 AC220V 供电，最大输出电压不超过 50 kV，一般为 40 kV，短路电流最大不超过 2 mA，为直流高压小电流，对人畜无直接危险。规范安装与操作可绝对保证人畜安全。由时间控制器控制，自动循环工作，日耗电＜0.45 kW·h。维护简便，每 3 个月清扫 1 次绝缘子上的灰尘即可。该装置工作原理如下：

一、净化空气

系统通电工作时，空气中的尘埃、气溶胶微粒在直流电晕空间电场作用下荷电，并受到电子场作用做定向脱除运动，在极短的时间内被吸附于地面、墙壁、栅栏上，开机 2～3 min，舍内空气变得清亮透明。可使妊娠舍、产房尘埃气溶胶浓度全天＜1.0 mg/m^3，肥猪舍＜3.0 mg/m^3，其他猪舍＜1.5 mg/m^3。

二、消减有害气体

直流电晕的空间电场可以抑制由粪便和空气形成的气-固、气-液界面边界层中有害气体的蒸发和扩散，将 NH_3、H_2S、酪酸、吲哚、硫醇、粪臭素与水蒸气相互作用形成的气溶胶封闭在只有几微米厚的边界层中，其抑制率可达 40%～70%；空间电极网络放电产生的臭氧和高能荷电粒子可分解游离的有害气体，产生 CO_2 与 H_2O，分解率为 30%～40%。在冬季，舍内无刺鼻的感觉。

三、类似气雾疫苗接种

在空间电场作用下，可清除空气中 80%左右的微生物，部分病原微生物被钝化，致病力减弱。这种载有弱毒病原微生物的气溶胶被猪只吸入后，有气雾疫苗接种的作用。因此，在空间电场中培育的猪只不同于无菌环境中培育的猪，体内有多种病原的抗体，对疾病有较强的抵抗力。这在呼吸系统疾病泛滥的今天具有重大的现实意义。

第六章　企业文化与福利养猪

企业文化学在我国作为一门新兴的学科至今不过20多年的历史，但是作为一种文化渊源却是伴随人类文明的诞生就出现了。孔子的马厩被焚，孔子退朝得知此事，只问伤着人没有，不问烧着马没有。于是在《论语》上有如下记载：厩焚，子退朝，曰："伤人乎？"不问马。马在当时是非常珍贵的，出行时，马车的多少，一辆车配多少马都是权贵的象征。战国时期，著名四公子之一的齐国孟尝君未纳偏忌之言，三次礼待高歌"长铗归来乎"的冯谖。正是这得以安身的冯谖在关键时刻辅佐孟尝君，才使得他为相数十年无纤介之祸。孔子与孟尝君管理的不是企业，但是这种仁爱、宽容之心不正是当今人性化管理的渊源吗？

自18世纪，欧洲工业化革命的到来形成了真正意义上的企业，历经200多年的发展，人们逐渐认识到将优秀的传统文化的理念与现代科学技术造就的管理手段融合一体的企业精髓可以给企业注入生命活力，给企业带来有形和无形的、经济和社会的双重效益。这种企业精髓就是企业文化。企业文化成了促进企业经营业绩和经济增长的有效手段和精神动力。

优秀的企业文化的巨大魅力，使众多企业趋之若鹜，纷纷效仿和自发创新。"企业文化"一词在今天不仅是一个时新的半舶来语，更是深入人心的优秀文化的代名词。遗憾的是，离我们并不遥远的企业文化在养猪业

听者寥寥、知者甚少、和者更寡，甚至被人嗤之以鼻或付之一笑。如果说养猪业正经历着猪多-病多-药多-威胁人类多的怪圈的话，那么，养猪业同时还经历着头重脚轻根底浅的另一怪圈。养猪业头顶着良种、良料、良药的华盖，却植根在苍白的企业文化的土壤中。以5亿多头存栏、每年死亡愈1亿头的代价换取近6亿头出栏，自当不该是这华盖下的景观。

人们无不希望将两个怪圈化为两个耀眼的光环，但似乎总是遥不可及。为什么？那就是第一个怪圈掩盖了第二个怪圈。进入迷宫的人们转来转去又回到原点，哪知出路就在下一层。不解决植身土壤的问题，就是无根之木，无源之水。在众多的人眼里，什么人都可以养猪，什么人也都会养猪，什么养猪人还要讲什么企业文化，猪还要讲什么福利……简直是天方夜谭。正是这种俗见，使养猪业头顶着华盖，却植身在沙流之中。

人们不妨将欧洲工业革命初期的企业文化称为旧的企业文化，在这种企业文化氛围中的老板将金钱作为惟一追求的目的，老板的至尊无上忘却了社会责任，甚至丧失了人性。今天，时代前进了200多年，企业文化也被赋予了崭新的内涵。但是，众多养猪业的企业文化似乎还处于原始阶段，为了金钱可以丧失人性，添加β-兴奋剂、添加安眠药；为了省钱可以让污水横溢、殃及四方；为了省钱，真的让猪过着地狱般的生活。这难道不是华盖下的败絮吗？中国的养猪业不经历一次深刻的企业文化革命是难以走出这个怪圈的。

自中国改革开放后，自由市场经济主宰着养猪业，突破了计划经济禁锢的养猪业虽然得到了长足的发展，但代价巨大，潮起潮落。

无论是猪多-病多-药多-威胁人类多的怪圈，还是华

盖下产出败絮的怪圈，似乎都在提醒人们：仅靠市场经济本身是不能让企业持续健康发展的，需要一种优秀的、高尚的文化底蕴来支撑。正如经济学诺贝尔奖得主诺思所言："自由市场经济制度本身并不能保证效率，一个有效率的自由市场制度，除了需要一个有效的产权和法律制度相配合之外，还需要在诚实、正直、公正、正义等方面有良好道德的人去操作这个市场。"如果说一个企业、一个行业、大至一个社会，"普遍缺乏道德感和人文关怀意识，普遍缺乏对规律和秩序的尊重，普遍缺乏系统的敬业精神"，那么就存在着"失败的基因"。当然，这并不是说，企业没有伦理道德上的考虑就一定会失败，但是，企业更明确地关注人类行为与伦理道德，能够使企业和社会获得持续和谐的发展。原商业部部长、中国企业文化研究会会长胡平指出："在市场经济背后，有一只看不见的手，是经济规律，同时还有一只看不见的手，也是不能忽视的，那就是文化。经济和文化的一体化是时代的大趋势。"我国养猪业走过的一段又一段艰难的历程，正是众多养猪人和企业欠缺伦理道德的升华，欠缺对规律和秩序尊重的惨痛写照，简而言之，是欠缺企业文化的升华的写照。

我国已加入世界贸易组织，其养猪业无疑会受到经济全球化新游戏规则的无情挑战。中国的猪产品要走向世界，自然受这些游戏规则的约束，然而，即或内销，生产的全过程亦要受到众多规则的约束。我国首部并已于 2006 年 6 月 1 日实施的《畜牧法》明确提出：要为所饲养的动物提供安全舒适的生活环境。这其实道明了养猪福利中最重要的环境福利的重要性。不难预见，福利养猪将是养猪人无法规避的课题。福利化养猪的理念是养猪业企业文化的重要组成部分，养猪人对福利

养猪理念认同的过程不仅仅是伦理道德的演进，更重要的是对“人类善待动物就是善待人类自己”观念的接纳与进步，最大的受益者无疑是养猪人自己。

国内和国际的严峻形势都要求养猪人接受一场企业文化革命风暴的洗礼，否则我们无法为这些怪圈解套，无法做到养猪业持续和谐的发展，我们又会回复到头痛医头、脚痛医脚的老路。但是，限于篇幅与议题，对于实施福利养猪有至关重要的企业文化只能从企业文化的结构上做粗略的阐述。

企业文化结构好比一颗硕果累累的大树，那甜美的果实是它的物质层，那英姿婆娑的枝条和绿叶是它的行为层，那粗壮挺拔的树干是它的制度层，那深扎于沃土中的根系是它的精神层。

第一节　物质文化与福利养猪

企业文化的物质层也称为企业的物质文化，它是由企业职工创造的产品和各种物质设施等构成的器物文化，是一种以物质形态为表现形成的表层的企业文化。

企业物质文化的首要内涵是企业生产的产品与提供的服务，其次是企业的生产环境、企业建筑、企业广告、产品包装与设计等，它们都是企业物质文化的组成成分。

一、猪产品的新概念

传统的产品概念只局限在产品特定的物质形态和具体用途上。计划经济时代，人们买猪肉凭肉票，能买到猪肉就不错了，哪管什么肥瘦，明知买到老母猪肉心里虽不舒坦，但认为只要能吃就行，哪怕可口性差得多。但是，在市场经济的推动下，现代意义的产品所包含的

内容大大扩充了。产品被认为是能满足消费者或用户某种需求的任何有形产品和无形服务。有形产品主要包括产品实体及其品质、特色、式样、品牌和包装;无形服务包括可为买主带来附加利益和心理上的满足感及信任感的售后服务、保证、产品形象、企业声誉等。人们买猪肉不单认为能吃就行,要挑剔肥瘦和肉的色质,更关注猪产品的卫生、安全、品牌、保鲜程度以及包装等。

(一)有形猪产品

应包括所有供人们食用的猪产品,例如鲜肉、冷鲜肉、分割肉、内脏等以及各种深加工产品,如腌制肉、熏肉、灌肠等。这些产品除了具备可食性功能外,还应具备消费者可接受的质量水平、产品特色、品牌、包装等。我国少数大型生猪联合企业能成功在许多城市开设连锁经营店就是对猪产品文化新概念最好的说明。2005年四川发生人感染猪链球菌,导致四川生猪外销受阻。在这些成功案例与教训的背后,无不隐藏着企业文化与猪产品的渊源关系。

(二)延伸产品

是指产品的扩展层,即产品的各种附加利益的总和。它与形式产品一块反映了现代产品的整体概念。其中着重的是售后服务、产品的社会效应。售后服务在一般养猪企业多不存在,但产品的社会效应却像一只无形的手把持企业的兴衰。人患猪链球菌病的事件,让人谈猪色变,禽流感让养禽业萧条。泰国总理、中国的城市市长在电视里众目睽睽之下吃鸡肉,但依旧解除不了人们谈鸡色变的心理。现代人类的产品整体观念对生产企业带来的影响恐怕是养猪人始料不及的。

二、企业环境与容貌

企业环境与容貌是企业物质文化的重要组成部分。

企业环境是指与企业生产相关的各种物质设施、选址、厂房建筑以及至职工的生活娱乐设施。

企业容貌是企业文化的表征，是体现企业个性的标志，包括企业名称、企业象征物和企业空间结构、布局等。

从养猪场的选址、栏舍建设、各种设施及容貌可见这个企业的企业文化一斑。我国西部一养猪大省的部分县市，在“小规模，大群体”的指导思想下，2005 年上半年掀起养猪热，在县级公路密布许多 50～500 头母猪的猪场，猪场之间毫无稳态安全空间可言，一家发病，殃及四邻。有 1 个养了 50 头母猪的猪场建在半山腰，后发现水源不济，无法满足生产要求，栏舍长期无法水洗，蚊蝇扑面，臭气熏天，白猪全变成黑猪。尽管用了良种、良料，屠夫仍不愿收购，理由是肉质差，有异味，结果只有低价出售。

还有的猪场，为了省钱，买小型水泥搅拌机做饲料混合机，结果出现因变异系数太大，造成土霉素碱中毒引发的胃穿孔的病例。

一些农村规模养殖户，在“猪无凉性”的错误的传统观念指引下，不给仔猪保温，出现腹泻只知道用药，猪场成了兽药店。

许多大的、规模化的猪场没有尸体处理坑，许多专业人员亦不知道贝卡里氏坑是什么东西。

在湖北襄樊，1 个新建的大猪场并非场区面积狭小，猪舍之间滴水相距却只有 5 m，其密集程度不难想象。

中国的养猪业多以地方来命名，很难体现其个性化；也没有企业象征物，这也在另一侧面反映企业文化的欠缺。

三、企业生产环境

养猪业与非生命的工业企业不同，其生产环境不仅是员工的工作环境，而且更是猪场惟一的生产工具——猪的生活环境。人猪合一的环境集中反映了猪场企业文化的底蕴，既有人文气氛的浓淡，更有福利养猪的伦理性的褒贬。

应该认为，能让生猪生活得更舒适更健康的环境同样有利于提高员工的工作效率。生产环境中应当引起重视的是温度、湿度、空气质量以及舒适卫生的栏舍结构、辅助设施。有关内容在前面的章节已有述解。

遗憾的是，这些最基本的硬件性的生产环境条件在许多猪场并未做好，但是国际上的养猪业并没有因为我们没有做好而停下来等待我们，相反，他们前进得更快。用色彩来优化生产环境，用先进设备与器具自动调节舍内温、湿度，用搅龙运送液态饲料以减少猪舍尘埃，给种猪播放轻音乐以减少刻板行为，给小猪玩耍铁球铁链以减少咬斗，栏笼材质以不锈钢为主且设计更让猪觉得舒适。凡此等等，证明国际养猪业正快步向硬件现代化、管理人性化、养猪福利化方向发展。

四、技术现代化

企业文明程度与技术现代化密切相关。企业文化的形成取决于企业内外的多种因素，其中企业外部的技术环境、企业内部的技术条件、企业职工的技术水平对企业文化的培植与塑造有重要影响。技术，作为物质文明、精神文明的一种体现，对企业、对社会有潜移默化的作用。人们接受了这种技术反映出来的新思想，可以冲击传统思想的沉积，破除旧的价值观念，萌生新的价值追求。

市场经济的鼓点加快了我国养猪业的发展，改革开放的春风给我国养猪业带来了现代的养猪新技术。不仅仅是规模化大猪场引进外来良种，采用先进的配方饲料，应用了几乎与人医同步的新的抗菌药物，就连农村的散养户也是一样效仿。有的大型猪场还用上电子监控设备，企业计算机化，能对环境变化、竞争和消费需求作出快速反应，能进行虚拟运作预测。但是我国养猪业没有逃脱以5亿多头存栏、1亿多头死亡率换得6亿头出栏冲击波的冲击。人们不禁要问：新技术的应用为什么没有带来国外同行的效益？在新技术的华盖下到底隐藏着何等黑色高手？无可置疑，新技术的应用是要与其内涵的新文化理念一块被接纳实施才能体现整体价值的。

第二节　企业行为文化与福利养猪

企业行为文化是指企业员工在生产经营、生活学习娱乐中产生的文化现象。它是企业生产经营作风、精神面貌、人际关系的动态体现，也是企业精神、企业价值观的折射。

养猪业的老板与猪场场长的行为是企业行为文化的魂，他们的行为直接影响和造就着全体员工的行为。20世纪90年代初，南方某大型养猪公司，可看到老员工的工作都非常认真，有强烈的时间观念，上班先到，下班后走，填报表实事求是，不弄虚作假，工具摆放井井有条，操作不重复多余。后来才知道，这是外方场长留下的好传统；还可见到，外方会计几乎每日早上班、晚下班；早上班时，不忘关掉夜里照明的路灯；外出办事常常是一个人代办多人的事，派车也是尽量多人凑一辆车办事。这些高管人员的良好行为在员工中起着潜移默化

的作用，尽管外方高管人员陆续撤离，但企业却能如初运作。

作者也见到南方另一个猪场的场长一个月只下一两次生产线，全靠听汇报、看报表，不去亲自操作或审视，无法发现生产上的症结。当有人报告，新生猪初生重普遍下降是因为妊娠舍为了节料奖而克扣后期日粮时才恍然大悟。但是，却造成2 000余头母猪产弱仔的巨大损失，这位场长在周务会上痛心地承认这是釜底抽薪，是奖励制度的失误。

企业家、老板、场长的行为对企业的影响可见一斑！

企业员工是企业的主体，员工的群体行为决定了企业整体的精神风貌与企业文明程度。因此，企业员工群体行为的塑造是企业文化建设的重要组成部分。

企业员工直接从事生产经营，他们对生产工具、生产环节与过程、生产环境均有直接的巨大影响。第8版《猪病学》(B. E. Straw 等著)第71章"动物福利"中有一段专门描述了饲养员的作用：

"普遍认为饲养员的素质比选择生产系统对猪的福利有更加重要的影响。越来越多的科学证据表明，饲养员与其照料下的动物之间的感情是增加动物福利和改善动物行为的主要因素。已证明得到饲养员不断的富有同情心地对待的猪比没有得到或得到不合意对待的猪，血液循环中含有更低水平的皮质类固醇激素，更快的生长速度和更好的繁殖行为。在与其同样的农场相比较时，发现每个单位猪的繁殖行为与母猪害怕人类的程度呈负相关，随后证明每个饲养员的姿势和行为方式会影响动物的福利和行为。"

饲养员最易犯的行为错误就是粗暴地对待所饲养的动物。正如世界农场动物福利协会主席乔伊丝·德

西瓦所指出的：问题源于人类上千年形成的对动物的错误认识，即物种歧视。在这种文化理念的折射下，必然会出现人类至尊无上、为所欲为、不顾及动物心理与行为的非伦理的行为。

员工群体行为的塑造不能只简单理解为道德修养与教育、企业制度文化的学习、科学技术培训、开展文化体育与读书活动，更重要的是：

(1)激励员工的智力、向心力和勇往直前的精神，为企业创新做贡献。在工作中不断激发个人潜能，积极主动地为自己创造一种不断学习的机会。尽管工作是日日重复的，但工作的全部内容应当提升到与成就个人事业相联系的位置上，以便为个人成长提供动力。鼓励共同探讨，个人创新，形成群体性的好学钻研的好风气。

(2)培养团队精神。让员工明白，各人做好本职工作会有 1+1=2 的效果，当大家都进行超越性和创造性工作时，就会产生 1+1>2 的整体效应。把员工个人目标与企业目标协同一致，有利于员工形成事业心与责任感，建立起对自己、对企业、对奋斗目标的信心。

(3)教育员工认识到，良好的企业文化是自己最为宝贵的财产，它是个人和企业成员必不可少的精神财富，以积极处世的人生态度去工作，以勤劳、敬业、守时、惜时、诚信、仁爱的行为来规范指导自己人生的实践。

第三节　企业制度文化与福利养猪

企业制度文化是企业为实现自身目标对员工的行为给予一定限制的文化，它具有共性和强烈的行为规范的要求。这种“规范性”是来自员工自身以外的、带有强制性的约束，它规范着企业中每一个人的工作与言行。企业工艺操作规程、场规场纪、经济责任制度、考核奖惩

制度等都是制度文化的内容。

企业制度文化是人与物、人与企业运营机制的结合部分，它既是人的意识与观念形态的反映，又是由一定物的形成所构成，因此，企业制度文化是企业精神与物质的中介，它既要适应于企业的物质文化，又是塑造精神文化的主要机制和载体。正是由于制度文化的这种中介性的固定作用与传递功能，它对企业文化的建设同样具有重要作用。

正因为企业的制度文化是与企业物质文化相匹配的，所以要实现这种孕育着良好物质文化底蕴的福利养猪必须要有不同于目前猪场的传统制度文化，从养猪业的领导组织模式、生产管理制度、人事制度、财务制度、行政管理制度、物流制度、销售制度、伦理道德规范等方面给予制定与规范。即将开始的“良好农业规范认证”（GAP 认证）全都浸润着这种先进的制度文化，而在“符合性要求”一栏更是体现了养猪业优秀制度文化的刚性与约束力，对养猪人的行为在福利养猪的大纲上给予了强制性的规范，包括不能用什么器物驱赶猪只，断针后怎样处置都有明确的规定（详见本书附录二）。

作者相信，“良好农业规范认证”将吹响我国养猪业向新兴养猪业前进的号角，也必将为未来养猪业的企业制度文化建设留下浓墨重彩的一页。那种全无制度文化建设，把母猪配种记录与生产记录用粉笔写在圈墙上的现象将成为后人不可想象之事，并将成为尘封的史话。

第四节　企业精神文化与福利养猪

企业精神文化是指企业在生产经营过程中，受一定的社会文化背景与意识形态影响而长期形成的一种精

神成果和企业核心价值取向。它包括企业精神、企业经营哲学、企业道德、企业价值理念等内容，是企业意识形态的总和。它是企业物质文化、行为文化的升华，是企业的核心竞争力的体现，是企业最可贵的财富。

全球经济一体化的趋势使得先进的文化理念的交流变得更快更容易，人们应更多地关注以先进文化理念为营养的企业精神文化，更多地关注企业精神文化对企业行为文化、制度文化和物质文化的反作用。

只有当养猪人自觉地接受先进文化理念的熏陶，彻底摒弃“物种歧视”的陈腐观念，彻底摒弃人类自尊无上的优越感，明白爱及动物就是爱护人类自身的哲理之时，方才会制定出福利养猪的各种制度，才能通过制度约束养猪人的行为，才能实现真正意义上的福利养猪。

企业领袖人物的文化理念对企业形成先进的企业精神文化有重大影响。因此，要实施福利养猪，对企业领袖人物应有更高的要求。

中国传统文化中对领袖人物的素养早有全面论述，可归纳为：可为、勤勉、好学、惜时、知人善任、审时度势、自省自律。

“可为”就是有大无畏的精神，有“天降大任于斯”的社会责任感，有“知其不可为而为之”的远见卓识与雄韬胆略；不为市场的表象所迷惑，敢于在低迷时有所作为，不畏俗见之嗤笑，敢于走自己的路。

“勤勉”是毅力的表现，持一时之勤易，持永时之勤难。“人生在勤，勤则不匮”，没有勤勉，就无有“天行健，君子以自强不息”。勤勉是成就事业的基本素质。

懂得“惜时”，方有勤勉。不知今日何其少，哪有今日事多多；不知人生苦短，哪有万机之乐。鲁迅曰：浪费时间无异于谋财害命。惜时是全人类的美德。

“好学”是自我完善的源泉，是自我创新的源泉；向

书本学，向他人学、向实践学。“敏而好学，不耻下问”、“学而时习之，不亦说乎”、“三人行必有我师”都是警世良言。

“知人善任”者可王天下，可兴企业。汉高祖在灭项羽称帝之后，在洛阳南宫置酒犒劳列诸侯，席间汉高祖下问：吾所以有天下者何？项氏之所以失天下者何？高起、王陵二将皆言不中肯，最后高祖曰：“夫运筹策于帷帐之中，决胜于千里之外，吾不如子房。镇国家，抚百姓，给馈饷，不绝粮道，吾不如萧何。连百万之军，战必胜，攻必克，吾不如韩信。此三者，皆人杰也，吾能用之，此吾所以取天下也。项羽有一范增而不能用，此其所以为我擒也。”企业领导人何曾不应如此？自明自非圣人，岂能兼兹百行，备贯众理。

然则善任易，知人难，知其所长更难。此皆因物有类者，世之所惑乱也；知人之难，莫难于别真伪，要微察问之，以观其辞；穷之以辞，以观其变；与之间谋，以观其诚；明白显问，以观其德；远使以财，以观其廉。

其知其所长更难，在于有长者多不外显，常观其势而待发。战国时四公子之一的孟尝君三次宽待持剑高歌“长铗归来乎”的食客冯谖，正是这得以安身的冯谖在关键之时挺身而出为之间谍，使得孟尝君为相数十年无纤介之祸。冯谖自客于孟尝君，至展长事主，期有年余；况有真长者少，所以知其所长者更难。无怪乎孟尝君发出“文常好客，遇客无所敢失，食客三千有余，先生所知也”的感慨。这也说明“含章可贞，以时发也”的道理。

“审时度势”旨在尊重客观规律，顺应时代潮流。“天时不如地利，地利不如人和”，“虽有智慧，不如乘势；虽有镃基，不如待时”，“圣人能辅时，不能违时。智者善谋，不如当时”等都是至理名言。

殷代末帝商纣王，虽然“闻见甚敏；材力过人，手格

猛兽。知足以距谏，言足以饰非”，但“好酒淫乐，嬖于妇人”，惟“妲己之言是从”，令“师涓作新淫声”，“酒为池，悬肉为林，使男女裸相逐其间，为长夜之饮”，百姓怨望，诸侯反叛。王子比干强谏，非旦弗听，还“剖比干，观其心”。天下虽然尽归纣，但怨声四起，人心尽失。此时的纣帝王朝，已是日落西山，气息奄奄，人命危浅，朝不虑夕。地域百里的决平的诸侯周武王在继位第三年，擎起反纣大旗：“殷有重罪，不可以不毕伐”，率四万五千人讨纣，与众诸侯会车四千乘，陈师牧野。商纣王则陈兵七十万迎之，但“纣师虽众，皆无战之心”，“皆倒兵以战”，纣败，自焚而亡。众诸侯立周武王为天子。这是历史上审时度势、顺应历史、顺应民心、成就大业的著名事例。

当今，福利养猪已是世界潮流，顺者昌盛，逆者维艰。有识的养猪人，应审时度势，创造条件，迎接“良好农业规范认证”的到来。

“自省自律”是企业领袖必备的基本素质。人非圣贤，孰能无过？有过不惧过，重在不二过。何其能不二过？自省而已。自省不自律，枉省复二过，明过复今过，无以成事业。

战国时期，苗裔越王勾践重兵发吴，败于会稽，大夫种间谋方保全其性命。勾践返国，“苦身焦思，置胆于坐，坐卧即仰胆，饮食亦尝胆，曰：‘女忘会稽之耻邪？’身自耕作，夫人自织，食不加肉，衣不重采，折节下贤人，厚遇宾客，振贫吊死，与百姓同劳”。正是勾践的自省自律22年，越国富庶，得以重振旗鼓，终以平吴。

事业失败或困难之时，像勾践一样自省自律者多，事业成功如日中天时，自省自律者寡。贞观十四年，唐太宗消灭高昌国，在两仪殿宴犒群臣，对房玄龄说了一段话发人深省。太宗曰：“高昌若不失臣礼，岂至灭亡？

朕平此一国，甚怀危惧，惟当戒骄逸以自防，纳忠謇以自正。黜邪佞，用贤良，不以小人之言而议君子，以此慎守，庶几于获安也。”打了大胜仗，不去吹嘘自己，反而以他国的失败来告诫自己，自律其言行，这是何等的境界！无怪乎大唐有贞观盛世！

自省自律的目的，不仅仅是为了保持高尚的道德情操、与时俱进，而且要使企业、使事业也在不断地检讨中前进、新生。商汤王不满夏桀的残暴无道，起兵发桀，为了勉励自己，在自己吃饭的盘子里雕刻上“苟日新，日日新，又日新”的座右铭，以每饭不忘，提醒自己要内明“日新”，天天反省；无私无欲；道成德就；外用“日新”对人民、对国家有利、有功、有德。

相信广大的养猪人，以自身的养猪实践，赋予“苟日新，日日新，又日新”更新、更广阔的内容，在不断的创新中自我新生，以猪场领袖的风范带领全体员工去构造猪场先进、鲜明而富有时效的企业文化，将福利养猪的理念贯穿其间，持续创造出比以往任何时候都优秀的生产业绩与经济效益，让生猪舒适的生活与生产，让员工快乐的工作与分享收成，一幅人猪和谐共处、环境优雅整洁的现代化福利养猪场景正向我们铺开。

附录一

2003年(英国)动物饲养福利法规——生猪饲养摘录

1 妊娠母猪和青年母猪的饲养管理

猪生产中运用的定位栏一直是个有争议的话题，1999年英国已经禁止把妊娠单个限制在保定架里，到2012年欧洲也将普遍禁用。

2003年(英国)饲养动物福利法规规定：

——母猪和青年母猪除了预产期的前7 d和哺乳期间外，都应群养。

——群养的圈长度不低于2.8 m，若少于6头时也不少于2.4 m。

——配种后的每头青年母猪和成年母猪分别占有的无障碍面积至少平均为1.64 m^2和2.25 m^2，当群饲少于6头时，必须在原来的基础上增加10%的面积，当个体数为40或更多时面积可以减少10%。

——在上述面积中，配种后的每头青年母猪和成年母猪占有的面积至少0.95 m^2和1.3 m^2为连续的固体地板。

——青年母猪和经产母猪头数少于10头时，在符合要求的条件下可单头饲养。

——青年母猪和经产母猪必须有一定的饲喂体系，以保证在有竞争的条件下也能得到充足的食物。

——所有未泌乳的青年母猪和经产母猪必须能得到充足的大体积、高纤维和高能量的饲料来满足它们的饥饿和咀嚼的需要。

青年母猪和经产母猪群饲时,先天性的攻击行为是一个很严重的问题,依个体的不同其秉性不同,所以充足的空间是特别重要的,可以逃避进攻;当青年母猪或经产母猪某个身体条件欠缺时就要独立饲养,不然将导致严重的受伤,应及早地把持续进攻的个体移离到不同的圈内饲养。

2　哺乳母猪的饲养管理

——妊娠的青年母猪和经产母猪须防止内部和外部寄生虫。

——在进入产仔笼以前,妊娠的青年母猪和经产母猪必须彻底清洗干净。

——在母猪产仔前的 1 周内,要给予充足的垫窝料,除非是技术上不可行。

——在产仔期间,在母猪的后面要有无障碍的平地,以满足母猪的自然生产或便于助产。

——在母猪活动范围比较大的产仔圈内要有保护仔猪的设施。

——在预期产仔的前 1 周和产仔期,要防止其他的猪看见。

产仔母猪的圈内温度应为 18～20℃,太高的温度会降低它的采食量和泌乳能力。要管理好产仔母猪的饲喂,这时要有适合这些母猪的饲养配方以保证泌乳期间它们的身体状况。尽可能要提供垫窝料,特别是在产仔前的 24 h 内,保证母猪的垫窝需要,使应激减少到最低限度。

3　仔猪的饲养管理

研究表明在分娩笼中的母猪虽然能很容易地就近获得食物,但却丧失了小猪的健康和福利。初生仔猪中

最小的一个最易死亡，特别是在出生后的第 1 d，较小的猪刚出生时平均体温会下降 4℃，而较大的仅下降 1℃，温度的下降使仔猪所保存的有限能量损失，将影响仔猪对初乳的摄取并降低了它们对疾病的抵抗力，为此，该法规进行了如下规定：

——必要时给仔猪提供热源和干燥、舒适的、远离母猪的、能同时休息的地方。

——饲养仔猪的一部分地板要足够大，能满足同一时间所有的仔猪都能休息，地板要求硬的铺有垫子或稻草及其他合适的材料。

——产仔笼必须有足够大的空间以保证仔猪吃奶不困难。

——仔猪断奶日龄一般不少于 28 d，否则仔猪的福利健康将受到负面的影响。

——如果仔猪是移到空的并且彻底清洗、消毒的专门的圈内，并且与其他母猪舍隔开，可以提前 7 d 断奶(也就是全进全出系统，而且能满足仔猪生活的其他条件)。

4　断奶仔猪和生长育肥猪的饲养管理

首先是每头猪平均占有无障碍地板的面积如下表所示：

每体重(kg)	占有面积(m^2)	每体重(kg)	占有面积(m^2)
=10	0.15	50～85	0.55
10～20	0.2	85～110	0.65
20～30	0.3	>110	1
30～50	0.4		

上面的数字是最低的要求，圈的形式及管理可能要求更大的空间。总的地板面积要满足休息、饲喂和活动

的需要,休息的地板面积要满足所有的猪同时躺下来的要求。

该法规中有如下规定:

——断奶后的仔猪要尽快群体饲养,尽可能地保持群体稳定、减少混群。

——如果不同的群混养时,越早越好,最好在断奶前或断奶 1 周内。一旦混合后要有足够的空间来满足遭到其他猪的进攻时能够逃跑和隐藏。

——经过咨询兽医后可给猪注射镇静剂以方便混群,减少意外情况的发生。

——当严重的进攻发生时,要及时的查明原因并采取恰当的措施。

5　公猪的饲养管理

对于公猪的饲养,该法规规定如下:

——公猪圈应允许公猪在里面自由活动,能听见、看见、闻见其他的猪,要有干净的休息地方。

——公猪躺卧的地方要干燥、舒适。

——每头成年公猪平均占有的平地板面积至少为 6 m^2,若公猪圈也用来自然交配时,每头成年公猪平均占有的平地板面积至少为 10 m^2。

公猪圈周围的墙要足够高以防止猪跳墙,但要能看见其他的猪。公猪通常单圈饲养,有充足的垫草和周密控制的温度,过高的温度将导致公猪不育或影响其配种的欲望和能力。

6　运输处理

猪在运输前通常会禁食一段时间,这有利于其处于良好的福利状态,减少运输中的死亡率,防止猪在运输途中发生呕吐;有利于食品安全,便于胃内排空,减少胃

肠内容物中的细菌对内脏造成污染和传播。但长时间的禁食会侵害猪的福利，还会造成猪体内糖原的过度消耗，会增加 DFD 肉的发生率。

因此，为了尽量避免对动物福利、胴体及肉品质量产生的负面影响，要加强运输过程中的管理：①保证车辆设计的合理，要求运输车清洁，车辆内壁应当没有锋利、突出的物体，地面应该是防滑的。②保证适当的运输密度，因为过高的运输密度会造成动物拥挤而导致皮肤擦伤的比率上升；但运输密度过低更易引起打斗现象，并且在车辆加速、急刹车或拐弯时容易使其失去平衡。欧盟要求猪的运输空间是 0.425 m^2/100 kg。③保证充足的通风，高温高湿的环境会增加猪的应激，增加运输死亡率和 PSE 肉的发生。Warriss 建议运输过程中的车内温度不要超过 30℃，并且应当避免在一天最热的时间段内运输。④尽量减小混群程度，在混群是不可避免的情况下，混群应在运输前在农场处理时进行。⑤在长途运输中，运输时间超过 8 h 要休息 24 h，要适时的提供饮食和饮水，以维持好的福利状态，减少死亡率和体重的减轻。

有关猪福利饲养的法规已比较完善，该法规还对以下内容进行了规定：

——饲养人员的日常工作，如饲养人员的基本要求、猪群观察、转运等；

——猪群健康管理，如生物安全措施、内外寄生虫、拐腿、疫苗注射、病猪处理等；

——猪舍，如地板形式、规格，通风、温度，光照、噪声，设备等；

——饲料、水和其他物品；

——日常管理，如环境、去势、断尾、剪牙、自然交

配、人工授精等。

这些措施总的目标是给猪提供舒适、安全的生活环境,保证其生产潜力的发挥,保障猪的生产安全。如好的地板设计和维持能力是很必要的,与猪的大小和体重不相称的地板结构和条板及表面对猪的腿和脚都会造成伤害。

饲养者对福利饲养的一个担心就是生产水平的改善能否抵消成本的增加,这方面的试验研究已有一些结果。初步结果显示:福利饲养能改善生产水平,而且已在生猪饲养上取得可喜进展。

附录二

生猪控制点与符合性规范解读①(GB/T 20014.9)

1 范围

GB/T 20014 标准的本部分规定了生猪生产良好农业规范的要求。

本部分适用于对生猪生产良好农业规范的符合性判定。

2 规范性引用文件

下列文件中的条款通过 GB/T 20014 的本部分的引用而成为本部分的条款。凡是注日期的引用文件,其随后所有的修改单(不包括勘误的内容)或修订版均不适用于本部分,然而,鼓励根据本部分达成协议的各方研究是否可使用这些文件的最新版本。凡是不注日期的引用文件,其最新版本适用于本部分。

GB 16548 畜禽病害肉尸及其产品无害化处理规程

GB/T 18407.3 农产品安全质量 无公害畜禽肉产地环境要求

GB/T 18635 动物防疫基本术语

GB/T 20014.1 良好农业规范　术语

GB/T 20014.2 良好农业规范　农场基础控制点与符合性规范

GB/T 20014.6 良好农业规范　畜禽基础控制点

---

①选自《良好农业规范实施指南》。2005 年 12 月 31 日,国家标准化管理委员会发布了《良好农业规范》系列国家标准;2006 年 1 月 24 日,国家认证认可监督管理委员会发布了《良好农业规范认证实施规则(试行)》。作者认为此附录非常值得养猪人认真研读学习,特荐之。规模化养猪场要申请"良好农业规范"(GAP)认证,还需同时通过"农场基础控制点与符合性规范"和"畜禽基础控制点与符合性规范"。

与符合性规范

GB 5749 生活饮用水卫生标准

《动物防疫法》

3　术语和定义

GB/T 20014.1、GB/T 18635 及下列的术语和定义适用于本部分。

3.1　限位栏 restrictive pens

母猪产后不能转身，只能起卧，自由采食，仔猪可通过栏架，以减少被挤压的危险。

3.2　育肥猪 finisher pigs

指月龄较小或未达到市场要求，需经过肥育才能屠宰的生猪。

3.3　氟烷基因 halothance gene

指猪第 6 号染色体上影响肉质的主效基因(major gene)，也叫 Ca^{2+} 释放通道基因(CRC)或兰尼定受体 1 基因(RYRl)。具有提高瘦肉产量的遗传优势，但会增加 PSE(苍白、松软、渗水)的肉和猪突然死亡率。

4　要求

4.1　场址、设施、设备

4.1.1　圈舍和建筑

序号	控制点	符合性要求	等级
4.1.1.1	猪场的选址和规划见 GB/T 20014.6 相关条款	感官评估	1 级
4.1.1.2	板条结构的地板设计应能承载相应大小的猪	无普遍的猪蹄损伤，板条的尺寸应符合如下要求： 1) 板条间的缝隙的最大宽度： ·哺乳仔猪 11 mm； ·断奶仔猪 14 mm； ·育肥猪 18 mm； ·母猪 20 mm； 2)板条最小宽度： ·哺乳仔猪和断奶仔猪10 mm；	

续表

序号	控制点	符合性要求	等级
		·育肥猪、母猪 80 mm；若无板条结构，则不适用	2 级
4.1.1.3	根据饲养工艺进行转群时，应按猪只的大小、强弱分群饲养	有相关记录。全部适用	1 级
4.1.1.4	为防止咬尾或其他恶习，满足猪的行为需求，应考虑周围环境和饲养密度，使生猪能够获得充足的垫草或其他合适的物料，提供充足的环境空间	感官评估。全部适用	1 级
4.1.1.5	所有生猪都应能获得清洁干燥的躺卧区域	感官评估。全部适用	1 级
4.1.1.6	当使用垫草时，应加满或定期更换，以保持清洁卫生	感官评估	3 级
4.1.1.7	舍内养猪的企业应是封闭的，进出的门应受控	感官评估	3 级

【解读】

正确选择猪场场址，建筑的合理规划布局，规范的设施工艺和设备，是生猪养殖管理的关键，也是猪养殖关键控制点之一。在圈舍设施中，首要的就是地板。在现代化猪场中，地板有多种材料和类型，如钢筋混凝土板条、板块，钢筋编织网，钢筋焊接网，塑料板块，陶瓷板块等。在不同材料的板条式地板中，板条的宽度和厚度必须适合不同猪的需要。板条必须达到一定的厚度，在不同的猪栏中，如分娩母猪栏、哺乳仔猪栏、断乳仔猪栏和肥育猪栏，板条的厚度有所不同，应能够承受相应大小的猪。如分娩母猪体重较重，板条厚度应较厚；在哺乳仔猪、断乳仔猪栏中，板条的厚度可以相对薄些。这样既可以节约成本，也可以满足不同生长阶段猪只的要求。板条不能过薄，否则在破损时，会卡猪蹄，造成猪的蹄部和腿部的损伤。另外，板条的宽度和板条之间缝隙

的宽度也要符合不同猪栏的要求。板条间的缝隙不能过宽，否则也会出现卡蹄，猪蹄损伤。钢筋编织网，钢筋焊接网，塑料板块，陶瓷板块等目前均具有商业化的产品，可根据猪的生长发育阶段和生理阶段适当选择。在现代化的规模养猪场中，建议在地板选材和设计形式上要满足易冲洗，便于消毒、干燥、防滑和坚固耐用等要求。

规模化养猪场采用现代工业化生产经营管理模式，所有猪群按一定的时间间隔分为不同阶段饲养。在一个猪群达到了一定的生长阶段时，就要进行转群，称之为猪群周转。根据各类猪群特点将不同年龄、体重、性别、生理阶段和用途的猪分为：哺乳仔猪，断奶仔猪，育成猪，后备猪，成年母猪，成年公猪，妊娠母猪，哺乳母猪，生长育肥猪等。不同猪群因其生长发育和生理特性不同而饲养工艺不同。如哺乳仔猪由于消化器官机能不完善，对饲料的质量、形态以及饲喂方法、次数等有特殊的要求。哺乳仔猪体温调节机能不完善，抗寒能力差，所以对环境温度也有要求。猪群周转要以饲养工艺为基础，将大小、强弱不同的猪只分群饲养。如果将饲养状态不同的猪混饲会增加瘦弱猪的病死率，造成不必要的损失。在进行猪群周转时要做好各项记录，并要及时整理与分析。在有条件的猪场最好是有手工记录与计算机记录。

行为是动物对某种刺激的反应，或是动物与其环境相互作用的方式。动物的行为习性部分由先天性的遗传因素所决定，部分取决于后天。如猪有天生拱土的遗传特性，即使饲喂良好的平衡日粮，也有拱土觅食的习性，所以食槽的设计必须要合理，食槽设计不合理极易造成饲料洒出。猪不在吃睡的地方排粪尿，在良好的管

理条件下，猪是家畜中最爱清洁的动物。因此饲养密度不可过大，否则天生的排泄习性受到干扰，不能在远离睡床的固定点排泄。如生长肥育猪，在头均占有面积小于 1 m^2 时，排泄行为就会变得混乱。另外，猪有群居行为与争斗行为，当猪群密度过大，每头猪所占空间下降时，群内咬斗次数和强度增加。

综合猪的采食、排泄、活动、睡眠等行为特点，在猪舍的建设中要满足其行为要求。如在地面养殖式猪舍管理中要有充足、干燥的垫料，并且垫料的面积应使所有的猪都能获得干燥的躺卧区域，垫料要定期更换，眼观为干燥清洁；要有足够的活动空间，有相对安静的环境，不能简单地理解为有食有水就可以。此外，在不良的环境中，猪常会有一些恶癖。恶癖是指在各种癖性中能对人畜造成危害或带来经济损失的行为，它的产生多和动物所处环境中的有害刺激或应激物有关，在生产中可以作为环境不良的指标之一。如当活动范围受限制时，母猪会出咬栏柱，拱癖，空嚼癖，攻击行为，在拥挤的圈养条件下，常发生咬尾等异常行为。掌握猪的行为特性，根据猪的行为特点，合理地利用这些行为习性，制定合理的饲养工艺，最大限度地创造适于猪习性的环境条件，能提高猪的生产性能并获得最佳经济效益以及满足动物福利要求。

现代化、规模化猪场都采用全封闭或半封闭式的舍内饲养方式，猪舍都是设计十分合理的房屋式建筑，这样既可以做到防寒保温，也可以起到阻挡外界环境中病原侵入的作用。为控制疾病传播，猪场建筑的各入口要设立关卡设施，每一道门都应处于受控状态，并不仅局限于有锁，要有相应的消毒、隔离、警卫等措施以阻止外来人员和动物的随意进出，防止带入病原菌等。

【建议记录】

1. 猪转群时间、个体大小、分群情况记录

2. 猪群管理记录

【参考与来源】

1. 第 6 部分《畜禽基础控制点与符合性规范》

2. EUREPGAP05 版

3. GB/T 17823.1 中、小型集约化养猪场猪场建设

4.1.2　通风和温度

序号	控制点	符合性要求	等级
4.1.2.1	针对户内饲养生猪的年龄、重量和密度，应保持适宜的室内温度和空气流通	适宜温度范围如下： 母猪：11～20℃ 哺乳仔猪：21～30℃ 新断奶的仔猪：27～32℃ 出生超过 6 周的仔猪：21～24℃ 育肥猪：11～21℃ 控制环境的温度应符合要求。出现热/冷应激征兆为不符合。全部适用	2 级
4.1.2.2	育成猪和育肥猪的圈舍应配备喷淋系统，使在炎热的气候条件下保持凉爽。此系统应能避免热应激和避免在躺卧区形成污垢	感官评估。地面不铺稻草，用来圈养育肥猪和待栏猪的建筑，应配备喷淋系统，并能喷淋到每个圈舍	3 级
4.1.2.3	应设计通风系统并通过该系统的维护和运作以防止空气中的污染物超过 GB/T 18407.3 标准的要求	感官评估。判定标准是吸入的空气不应使人明显感觉不舒服	3 级

【解读】

猪舍是猪生活的地方，猪舍环境的好坏对猪的生长、健康影响很大。要保持适宜的室内温度需要注意防寒保暖和降温散热两方面。现代化猪场，多为分阶段、全进全出的饲养管理方式，因此要根据猪不同的生长阶段、重量和饲养密度设置猪舍的温度。猪群可分为空怀

母猪，妊娠母猪，哺乳母猪，哺乳仔猪，断乳仔猪，保育仔猪，育成猪，育肥猪，后备母猪，后备公猪，成年公猪等。

不同年龄猪的体温调节机能不同。如新出生仔猪，大脑皮层发育不全，体温调节机能差，且皮下脂肪少，所以适宜温度为 21～30℃，要高于其他猪群，公猪，母猪，育肥猪等大猪，体温调节机能完全，皮下脂肪厚，适宜温度要低些，母猪为 11～20℃，育肥猪为 11～21℃。不同重量的猪的体温调节机能和皮下脂肪的厚度不同，所以有不同的温度要求，如新断奶的仔猪适宜温度为 27～32℃，出生超过 6 周的小猪适宜温度为 21～24℃。同时饲养密度也会影响猪对环境温度的要求。

饲养密度大时，猪自身散热成为热源，所以外部的环境温度不能过高。在温度不适宜，出现过高或过低温度时，猪就会发生热应激或冷应激，出现神经紧张、敏感、代谢增强、感冒、热射症和应激综合征等。如观察到此类症状的发生，就要考虑环境温度是否适宜。另外，还要注意猪舍的通风和空气流通。畜舍的通风是用新鲜空气稀释舍内污浊的空气，充分混合后，排出混合的污浊空气。通风系统的主要作用是排出舍内畜禽呼出的湿气、过剩的热量、废气、异味和粉尘，同时又要保持畜舍舒适无贼风。

机械通风系统有 3 个主要的要素，即风机、进气孔和控制部分。风机的位置、进气口的设计及位置，进气口和畜栏的关系，空气循环的方式，对畜舍内的小气候都有很大的影响。通风系统必须能够将畜禽呼出和蒸发的湿气、二氧化碳、尘埃、粪便气味和含有漂浮病原体的污浊的空气排出舍外。猪舍内的空气经常会受到排泄物、饲料、垫草的发酵或腐败形成的氨气或硫化氢等有害气体的污染，猪自身的呼吸又会排出大量的水汽、

二氧化碳以及其他有害气体。如果通风换气不良，通风系统设计不合理，猪舍内空气潮湿、污浊，充满大量氨气、硫化氢和二氧化碳等有害气体，会造成猪的食欲降低，影响猪的增重和饲料利用率，并可引起猪的眼病、呼吸系统和消化系统疾病。

有的猪舍采用喷淋系统降温。生长猪和育肥猪（体重达到 90～100 kg，但尚未出栏）皮下脂肪厚，不利于散热，所以在生长育肥猪舍应安装喷淋设备。通过喷雾器喷出的水雾以及合适的通风，通过猪舍内蒸发吸热，使猪舍内空气温度降低。也可以直接喷洒在猪体上，降低猪的体温，但是在喷淋时要注意避免产生应激。在有喷淋设备的猪舍内，要注意舍内的卫生清洁，要使躺卧区保持相对的干燥，不能形成污垢。

【建议记录】

猪舍温度记录

【参考与来源】

1. GB/T 17823.4 中、小型集约化养猪场环境参数及环境管理

2. EUREPGAP05 版

4.1.3　照明

序号	控制点	符合性要求	等级
4.1.3.1	在任何时候都应提供足够的照明设备（固定的或可便携的）以便于检查	照明设备的光线符合建筑物内标准的要求，或者使用自然光源而未配备电照明设备的建筑物内，都配备了手电筒以方便在夜间检查。全部适用	2 级

【解读】

在封闭式猪舍内的照明既可以通过窗户直接采光，也可以安装照明设备。照明用的电灯可以使用荧光灯，

也可以使用白炽灯。有沼气设施的单位也可以使用沼气灯。同时还要配备有可移动的备用照明设备,以保证在不能采用日光照明,或是没有电力供应的条件下,仍能保证有照明设备,同时方便夜间检查。通过窗户直接采光以及在使用电灯照明时,要注意光线的亮度及强度,不能过高,否则会引起猪的眼部损伤。光线的亮度及强度也不能太弱,否则检查时视物不清,无法展开工作。照明设备的光线可针对猪舍的建筑面积及房屋的高度,依据《中、小型集约化养猪场环境参数及环境管理》(GB/T 17823.4)合理设计。

【建议记录】

设备安装管理记录

【参考与来源】

1. G/T 17823.4 中、小型集约化养猪场环境参数及环境管理

2. EUREPGAP05 版

4.1.4 饲养空间

序号	控制点	符合性要求	等级
4.1.4.1	对仔猪、育成猪和育肥猪所需最小饲养空间应符合以下要求,单位(m^2/头): <10 kg,0.15 m^2/头; 10～20 kg,0.20 m^2/头; 20～30 kg,0.30 m^2/头; 30～50 kg,0.40 m^2/头; 50～85 kg,0.55 m^2/头; 85～110 kg,0.65 m^2/头; >110 kg,1.00 m^2/头	抽样测量各生长阶段猪的圈舍可容纳的猪只数量。按最大体重的猪计算。通过会谈/目测/检查记录来验证。计算出每部分最大牲畜容纳量,应低于产品消费国要求的限量。全部适用	1级
4.1.4.2	任何情况下,所有的猪都可以: 1)自由地转身(产仔的母猪除外) 2)有干燥的区域 3)同时可以躺卧	除在限位栏或受孕4周后,无隔栏/拴绳或其他限制设施。育肥猪能自由转身并能同时躺卧,表明符合控制点的要求。对母猪应感官评估。全部适用	1级

续表

序号	控制点	符合性要求	等级
4.1.4.3	躺卧区面积除应符合 4.1.4.1 的要求外，配种后的后备母猪和妊娠母猪的躺卧区应是无缝坚固的地板，面积至少分别为 0.95 m^2/头和 1.3 m^2/头，其中不超过 15%的面积用作排污区	躺卧区是建筑物内具有明显区别的区域，应提供两种截然不同的环境。如部分装有板条的圈舍、硬质地板的面积符合控制点的要求。无明显的躺卧区域，则不适用	1 级

【解读】

不同生长阶段、不同类群的猪对饲养空间的要求不同。同时，根据猪舍的开放程度及圈舍地面性质的不同，对于不同生长阶段的猪分配的饲养空间也不同。中国《中、小型集约化养猪场设备》标准规定，公猪栏 5.5～7.5 m^2/头、配种栏 5.5～7.5 m^2/头、母猪单体栏 1.2～1.4 m^2/头、母猪小群栏 1.8～2.5 m^2/头、分娩栏 3.5～4.2 m^2/头。本标准中，生长猪各体重阶段对应的最小饲养面积：体重＜10 kg，0.15 m^2/头；10～20 kg，0.20 m^2/头；20～30 kg，0.30 m^2/头；30～50 kg，0.40 m^2/头；50～85 kg，0.55 m^2/头；85～110 kg，0.65 m^2/头；超过 110 kg，1.00 m^2/头。同时，对于母猪、育肥猪、公猪还要有一定面积的活动区。在评估时，可以采用抽样测量的方法，先测量猪圈舍的面积，根据标准计算出可以容纳的猪的数量，然后再按最大体重的猪所需的最小饲养面积，计算出应容纳的数量，看两个数据是否一致，可以通过猪场的记录来计算。

在一定的饲养圈舍面积中饲养猪的数量，不能多于本国或是其他消费国的标准，饲养密度不可过大，否则不但会影响猪的生长，还会对肉质有影响。在不同的猪舍中，要保证所有的猪都有自由转身的空间，但不包括在限位栏内的母猪。每个猪舍中应有明显不同于其他

部分的躺卧区，躺卧区应保持干燥清洁卫生，特别是断奶仔猪舍要保持特别清洁、干燥，以保证仔猪的健康。对于生长育肥猪可以采用窄长形圈舍，有助于育肥猪保持清洁卫生。猪舍的躺卧区的面积要满足既可以趴卧也可以侧卧，躺卧区要有足够干燥的垫料(草)，垫料(草)要经常更换。对于板条式地面或是网状地面，可以不用垫料(草)，但是必须要保持干燥清洁。

【建议记录】

1. 猪圈舍设计图

2. 猪群周转记录

【参考与来源】

1. GB/T 17823.3 中、小型集约化养猪场猪场设备

2. EUREPGAP05 版

4.1.5　公猪圈舍

序号	控制点	符合性要求	等级
4.1.5.1	公猪圈栏的结构和位置应便于猪只进行交流。应提供有清洁干燥的休息区	公猪圈不能都是实心的墙和门。公猪可与其他猪鼻对鼻交流，并有干燥的躺卧区域。不饲养公猪不适用	3级
4.1.5.2	圈养成年公猪的最小区域应为6 m^2。提供额外的空间用于交配，且圈舍的形状不会过分限制公猪的自由活动	感官评估。不饲养公猪不适用	1级

【解读】

公猪的体型、体重都比母猪大，公猪应单圈饲养，以减少相互爬跨、打斗而造成精液损失和身体伤害。后备公猪也宜单圈或小群饲养，但最多每圈2只。成年公猪圈应视品种而定，一般每间猪栏面积为6～7.5 m^2，太大不利于管理，太小则不利于公猪的活动。因为猪有群居的特性，所以在单圈时，公猪舍猪栏的下部采用砖砌

结构，上部采用金属结构，这样有利于猪只之间进行交流。猪舍内要有干燥的躺卧区，并要保持清洁卫生。可以在圈舍的外面设有专门的交配区，或是可以在公猪舍的对面设立待配母猪舍，中间有过道，这样可以减少占地面积。圈舍的形状设计要合理，应不会过分限制公猪的自由活动，要有活动场地，要注意进行自由或被动的驱赶运动，加强公猪的运动是加强机体新陈代谢，锻炼神经系统，增强体质，强化四肢的重要措施。

【建议记录】

猪舍设计图纸

【参考与来源】

EUREPGAP05 版

4.1.6　母猪设施

序号	控制点	符合性要求	等级
4.1.6.1	母猪的设施具备以下条件： 1）产前 7 d 到产后 4 周（断奶时），应允许其自由活动，可以使用限位栏，但不能拴系 2）确保母猪不被单独隔离	1）除分娩到产后 4 周外，无隔栏、拴绳或其他限制性畜栏。使用限位栏，确认其使用时间 2）除在限位栏中，单圈饲养的母猪可以和其他猪进行接触	2 级
4.1.6.2	限位栏中不应拴系母猪	感官评估。若不使用限位栏不适用	1 级
4.1.6.3	母猪产仔前在限位栏中不应超过 7 d；产仔后在限位栏中不应超过 42 d	感官评估。应有相关记录。不使用限位栏的不适用	2 级
4.1.6.4	限位栏应足够长，使母猪可以舒适躺卧。长度应可以调整，以防止母猪过多的自由活动	感官评估。无母猪和限位栏摩擦而造成臀部和背部受伤的迹象 不使用限位栏的不适用	1 级
4.1.6.5	限位栏顶部的横梁和床底部应有足够的距离，以确保母猪正常活动	感官评估。不使用限位栏不适用	1 级

【解读】

母猪集约化管理对于提高饲养管理水平，降低饲养成本，提高生产性能都是有利的。在规模化猪场中，母猪在临产前1周转入高床分娩舍进行限位饲养，单体限位栏系钢管焊接而成，由两侧栏架和前、后门组成。在工厂化、集约化养猪场，哺乳母猪限位架为2.2 m×0.6 m×(0.9～1.0)m(长×宽×高)，位于底网中央。架前安装母猪食槽和饮水器。限位栏用于空怀母猪和妊娠母猪，便于观察发情，便于配种，便于饲养管理如饲料限量供给，但限位栏限制了母猪活动，对消化系统和生产过程可能有影响。

限位栏内的母猪不能拴系。怀孕母猪在限位饲养下，每头猪所占面积为1.16 m^2(猪栏长2 m，宽0.58 m)；带仔母猪每头占4 m^2(2 m×2 m)。怀孕母猪及哺乳母猪均采用金属限位栏，猪在限位栏内采食、排泄，除了站立和躺卧以外，不能自由活动，但限位栏长度要可以调整，要足够长，使母猪可以舒适的躺卧。采用金属栏限位饲养，能按每头猪定量饲喂，避免争食咬斗；便于观察母猪发情和进行人工授精，还可以防止母猪压死仔猪。限位栏的高度不可过小，否则可能人为造成母猪的背部损伤。评估时，可以通过检查记录，也可以通过感官做出评价，主要观察在限位栏内是有否有拴系，是否符合限位时段的要求，限位栏的大小是否合适，母猪是否有背部或臀部的损伤。其他未到限位时段的母猪应可以自由活动，不可单独隔离，猪只之间至少可以进行接触，以满足其群居的特性。在限位栏内的猪只也可有足够的躺卧的空间，躺卧区要清洁卫生，干燥，限位栏的长度要适当。

考虑到动物福利和运动要求，目前母猪饲养也有舍内或舍外群饲的情况。但这种情况下，母猪打斗、采食不均以及自身增重差异等问题可能会出现。

【建议记录】

1.母猪转群记录

2.分娩记录

3.断奶记录

【参考与来源】

EUREPGAP05 版

4.2　生猪来源

序号	控制点	符合性要求	等级
4.2.1	所有引入的生猪应带有免疫耳标，并有畜牧兽医部门出具的检疫证、非疫区证明和车辆消毒证明	感官评估。应有相关证明文件	1级
4.2.2	引进种猪时，应隔离观察15～30 d，经兽医检查确定为健康合格后，方可供繁殖使用	应有相关记录	1级
4.2.3	猪场中所有生猪应具有可追溯性，无来源不明的生猪	应有可追溯的猪只记录和运输记录	1级
4.2.4	猪场应保存猪只来源、品种、来源途径以及人工授精精液来源的书面记录	应有相关记录	3级
4.2.5	繁殖用种猪的氟烷基因检测应为显性纯合子(NN)。品种纯正。相关记录和声明应保存3年	使用育种公司的种猪，应通过文件验证其使用的种猪品种纯正，氟烷基因检测为显性纯合子(NN)	3级

【解读】

养猪企业要全方位构筑生猪疫病防控体系，引入生猪时须认真调查，要从非疫区引入，并严格检疫。引入的猪要有“三证”：兽医部门出具的检疫证，非疫区证明，车辆消毒证明。引入的猪在原场必须是进行过免疫，检查是否带有免疫耳标。对外面引入的猪，一定要先驱虫，再隔离一段时间后方可合群，隔离的目的是保护猪场原有猪群不受新引进猪群的影响，隔离应在独立的区域进行。引入的猪应该在从隔离区放出之前进行第 2 次检测，经当地兽医检查确定为健康合格后才可以合群。

种猪到达目的地后，立即对卸猪台、车辆、猪体及卸车周围地面进行消毒，然后将种猪卸下，用刺激性小的消毒药对猪的体表及运输用具进行彻底消毒，再用清水冲洗干净后进入隔离舍。如有损伤、脱肛等情况，应立即隔开单栏饲养，并及时治疗处理。种猪到场后必须在隔离舍隔离饲养 15～30 d 或以上，严格检疫。特别是对布氏杆菌、伪狂犬病(PR)等疫病要特别重视，须采血经有关兽医检疫部门检测，确认有无细菌感染和病毒感染，并监测猪瘟等抗体情况。猪场中所有猪应具有可追溯性，种猪在引进后要按照场家提供的系谱，按每头猪核对耳号，核查清楚后，要把每一个个体进行登记，打上耳号牌，输入计算机。保证每一头都有明确的来源，并要保管好记录，以备查实用。

新引进母猪一般为群养，每栏 4～6 头，饲养密度要适当。选择后备母猪主要是选择其潜在繁殖能力、生长发育、温顺易管理、身体结实。种母猪氟烷基因检测应呈阴性(显性纯合子，NN)，以保证品系的纯正，要有相关的记录，并保管好记录以备查。选择公猪重点是背膘薄、生长快、饲料转化效率高和良好的结实度。

【建议记录】

1. 检疫证、非疫区证明、车辆消毒证明

2. 种猪引进、育种记录

3. 系谱记录

4. 配种记录

5. 疫病检测记录

【参考与来源】

1.《种畜禽管理条例》

2.《种畜禽管理条例实施细则》

3. GB 16549 畜禽产地检疫规范

4. EUREPGAP05 版

4.3　生猪标识

序号	控制点	符合性要求	等级
4.3.1	送宰前应检查所有猪只，保证其有永久的身份标识	感官评估。全部适用	1 级
4.3.2	猪只的标识设备应由受过良好的培训、具备相应能力的员工使用，并对设备维护良好	员工须知标识知识并掌握相关技能。全部适用	1 级

【解读】

免疫标识主要包括猪耳朵上挂的免疫耳标、免疫注射卡，免疫档案与免疫耳标配套使用，是记录每头生猪疫、治疗用药、消毒等相关信息的登记簿，可以在饲养、运输、屠宰等诸多环节实现对猪有关信息以及责任人情况的快速准确查询。种用仔猪在生长到 1 个月左右时，必须由专业人员统一实施免疫打标，对免疫后的猪左耳挂上免疫耳标（在猪的耳朵上打一个孔，戴上圆环状白色标识）。对从外地调入的种猪，产地动物防疫监督机构必须查验免疫耳标等免疫标识，并进行二免或加强免疫。猪在送宰前必须要检查每头猪的免疫标识，以保证其有永久的身份标识。猪的标识设备应由专业人员操作，标识牌应到指定的地点购买，由受过良好培训、具备相应能力的员工，或是由兽医检疫部门人员使用，要对所有猪的耳标等其他设备有良好的维护，以备在检查时用。

【建议记录】

1. 猪身份标识记录

2. 员工培训记录

3. 用药记录

【参考与来源】

EUREPGAP05 版

4.4 仔猪

序号	控制点	符合性要求	等级
4.4.1	出生 7 d 内不应麻醉阉割，超过 7 d 应由兽医麻醉后阉割	感官评估。全部适用	1 级
4.4.2	麻醉后阉割	观察牲畜和用药记录	3 级
4.4.3	不进行阉割	感官评估	3 级
4.4.4	对新生仔猪断牙和钝化牙齿，只有符合法规的要求和在猪场兽医的建议下才可接受。对此要求每季度进行一次评估，需要时，应由经过培训具备相应能力的饲养员在仔猪出生 48 h 内完成，不得超过出生后 7 d	如果断牙和钝化，应有兽医或养猪场顾问的书面建议。每季度应对其进行评估，间隔不得超过 3 个月。被授权的员工应能证实其具备正确操作此项工作的能力，能正确描述操作程序，包括时间要求。不断牙则不适用	1 级
4.4.5	仅使用钝化的方法缩短仔猪牙齿	如果不断牙只钝化，应有兽医或养猪场顾问的书面建议。应每季度对其进行评估，间隔不得超过 3 个月。被授权的员工应能证实具备正确操作此项工作的能力，能正确描述操作程序，包括时间要求。不断牙则不适用	3 级
4.4.6	当兽医认为需要断尾时，应由经过兽医的培训具备相应能力的饲养员在仔猪出生 48 h内完成，最迟不超过7 d。当出售刚断奶的仔猪时，需要断尾时，应有买方主管兽医的建议	如果断尾，有兽医或养猪场顾问的书面建议。每季度对其进行评估，间隔不得超过 3 个月。被授权的员工应能显示具备正确操作此项工作的能力，能正确掌握操作程序，包括时间要求。如果出售断奶仔猪，须提供目的畜群兽医的要求。不断尾的不适用	1 级

续表

序号	控制点	符合性要求	等级
4.4.7	打耳号应在主管兽医同意下执行	有兽医书面授权证明。不适合不打耳号的情况	1级
4.4.8	21日龄不应断奶,除非兽医要求或因特别的福利原因,仔猪可以在21～28日龄期间断奶	有相关记录,员工须知断奶日龄及相关的要求。全部适用	1级

【解读】

非种用猪、生长肥育猪要在早期进行阉割,通过手术摘除公猪的睾丸和母猪的卵巢称为去势,俗称阉割。生产中主要对公猪进行去势。去势一般应尽早进行,此时猪的体重较小,易于保定,且流血量较少,手术后伤口容易愈合,断奶体重达到7～8 kg时就可以进行。超过7日龄的仔猪去势必须要先麻醉,然后再实施去势手术,手术必须要由专业的兽医师实施,应尽量防止过多出血及感染。对于实施去势手术的猪要有记录,以备检查。评估时可以查看记录。公猪和母猪经去势后,表现为性情安静,性机能消失,食欲增进,能更好地利用所摄取的营养,使增重速度提高,肉的品质也得到改善。如果不进行去势,不但会降低饲料利用率,还会使肉的品质下降,公猪肉会有性气味。所以生长肥育猪必须要进行阉割。

初生仔猪有成对的上下门齿和犬齿共8枚,犬齿对仔猪吮乳没有影响,但若窝产仔数较多,仔猪抢食母乳而咬伤乳头或其他仔猪颊部。为防止发生争斗时对同窝仔猪的伤害,可在仔猪出生后3 d内剪去犬齿。仔猪出生后开始修剪牙齿,不要把牙齿剪得太短,否则会损害齿龈舌头,使病原体进入仔猪体内,修剪时要使用小而尖的侧切割工具,钳子要锐利,用前消毒,将小猪上下颚的犬齿最后一枚门齿共8枚,一枚一枚地剪去,不能

同时剪两个，从根部剪去，断面要平整，不要弄伤仔猪牙龈，在给下一个猪剪齿前要对工具进行消毒，以避免细菌交叉污染。

用作育肥的仔猪，为防止断奶、生长、育肥期间的咬尾现象，可在去犬齿的同时断尾。出生后不久断尾仔猪很快恢复，伤口较小不会出很多血。方法是用钳子在距尾根约占整个尾长 1/3 的地方断尾，后涂上碘酒以防感染。要避免剪得太短，阴门末端和公畜阴囊中部可用来作为断尾长度的标线。八字脚及较弱的仔猪可暂时不剪牙断尾，待生长良好，体型较大时再进行。剪牙和断尾工作必须是由专业的人员操作，要具备一定的专业素质，要有正确操作此项工作的能力，能正确掌握操作程序，包括对时间的要求，同时剪牙和断尾要有兽医或猪场顾问的书面建议，当兽医认为需要并确认符合法规要求时才可由专业人员进行。对此项评估工作可每季度进行 1 次，评估时要检查所作的记录。仔猪在进行免疫后，要作免疫耳标，打耳号必须是在主管兽医同意下执行，必须由授权的员工操作，要有兽医的书面授权证明，并要有完整的记录。

仔猪哺乳到一定的阶段后即停止哺乳，称为断奶。仔猪断奶是仔猪一生中生活条件的第 2 次大的转变。如果没有兽医要求或是别的特别的福利原因，仔猪可以在 21～28 日龄断奶，但 21 日龄内不应断奶。乳汁是仔猪出生后最适宜的营养来源，尤其是 20 日龄以前的仔猪更需要乳汁营养，过早断奶造成诸多应激和动物福利问题，因此应充分利用母猪乳汁促进仔猪早期发育。猪场的员工应须知断奶最佳日龄及相关的要求。评估时要检查相关的记录。

【建议记录】

1. 仔猪去势记录
2. 仔猪剪齿、断尾记录
3. 用药记录
4. 身份标识记录
5. 仔猪断奶记录

【参考与来源】

EUREPGAP05 版

4.5 饲料和水

序号	控制点	符合性要求	等级
4.5.1	圈养猪有足够长的料槽，确保猪只能同时进食。饲喂量适宜，少喂勤添，防止饲料污染腐败	感官评估，没有圈养不适用	2 级
4.5.2	应须知饲料组成并可追溯其来源，保存好饲料验收记录	有相关记录，全部适用	1 级
4.5.3	应记录自配饲料的配方并保存 3 年	有相关记录，不自配料不适用	1 级
4.5.4	自配饲料的成分含量记录和样品应至少保存 6 个月	有相关记录，不自配料不适用	3 级
4.5.5	不应使用餐饮业的废弃物喂猪	来自于餐馆、餐饮设施和厨房（包括公用厨房和家庭厨房）的废弃物食品不允许作为饲料。全部适用	1 级
4.5.6	每日应向猪供应充足、清洁、新鲜的饮用水	感官评估。全部适用	1 级
4.5.7	应有水质检测的证据	每年至少按 GB 5749 生活饮用水卫生标准进行一次水质检测。全部适用	2 级
4.5.8	饲养方式和供水要求的关系，应按以下要求进行	感官评估。全部适用 水嘴/小钵 钵 自由 1 个/15 头 1 个/30 头 限制饲养 1 个/10 头 1 个/20 头	2 级

【解读】

水的需要量受许多因素的影响,因而难以确切地制定出各种生理状态和生长阶段的猪对水的需要量。所以一般在猪场只对饮水设备进行评估,根据不同的饲养方式,对供水的要求也不同,饲养方式和供水要求的关系要满足下列条件:自由饲养,水嘴或小钵 1 个/15 头,钵 1 个/30 头;限制饲养,水嘴或小钵 1 个/10 头,钵 1 个/20头。鸭嘴式饮水器和杯式饮水器的流量一般为 1 000～3 000 mL/min。

【建议记录】

1. 饲料验收记录
2. 饲料配方、生产、保存记录
3. 饲料成分含量记录
4. 水质检测记录

【参考与来源】

1. GB/T 17823.3 中、小型集约化养猪场猪场设备
2. GB 5749 生活饮用水卫生标准
3. EUREPGAP05 版

4.6 室外养猪(无室外养猪不适用)

序号	控制点	符合性要求	等级
4.6.1	室外养猪的场所应设在易于排水和不会受洪水影响的地方	感官评估。全部适用	2 级
4.6.2	产仔的棚屋应建在地势平坦、避免有陡坡的地方。应为猪只提供适应当地气候的圈舍	感官评估	3 级
4.6.3	应提供适宜的垫草,保证温暖舒适	感官评估。全部适用	2 级
4.6.4	每公顷土地上放养母猪的数量不应超过 30 头	感官评估。全部适用	2 级

续表

序号	控制点	符合性要求	等级
4.6.5	在养猪和存放饲料场所的周围,应对所有害虫和食肉动物进行控制	感官评估。无害虫出没迹象。死于食肉动物的死亡率不超过2%	1级
4.6.6	应配备训导区域使新转群的母猪、公猪适应带电围栏	感官评估	3级
4.6.7	在炎热季节应提供设施保持凉爽	感官评估。在夏季猪只可获得树荫或水坑。全部适用	2级
4.6.8	户外饲养的母猪产仔时应在温度适宜,无风的棚屋内进行	感官评估。全部适用	2级
4.6.9	产仔的棚屋应有干燥清洁的垫草	感官评估。全部适用	2级
4.6.10	在土壤类型、设施和石子不会对猪只造成伤害时,才使用鼻环	感官评估。全部适用	2级
4.6.11	产仔的棚屋和断奶仔猪的活动场所应在每个使用周期后进行清洁消毒。用过的垫草应更换或焚烧	感官评估。全部适用	2级

【解读】

某些地方采用室外养猪,在对其评估时,要考察以下几点:场址的选择,要根据猪场的性质、规模和任务,考虑场地的地形、地势、水源、土壤、当地气候等自然条件,同时应考虑饲料及能源供应,交通运输,产品销售,与周围工厂、居民点及其他畜禽场距离等社会条件,进行全面的调查,综合分析后再做出决定。猪场地形要求开阔整齐有足够的面积,地势要较高,平坦,干燥,背风向阳,有缓坡,易于排水和不会受洪水影响的地方。在有繁殖母猪的猪场,应根据当地的气候条件,把产仔棚屋建在地势平坦、干燥,避免有陡坡的地方。产仔棚屋内要有适宜的垫草,保持干燥,清洁,必须经常更换,以

保证舒适温暖。猪场的占地面积要适合养殖密度，养殖密度不可过大，否则会影响生产，在有母猪的猪场，每公顷土地上放养的母猪数量不应超过30头。

猪场建设时要考虑到周围环境，在养猪和存放饲料场所周围应对所有害虫和食肉动物进行控制。要注意灭鼠灭蝇，避免疫病的发生以及饲料的损失。在有带电围栏的猪场，要有训导区域，使新转群的公猪、母猪逐渐适应，训导区的电围栏的电压不可过大，只要可以给猪以轻微的刺激，使形成疼痛记忆，不再触碰电围栏即可，要避免形成损伤。在气温较高的地区，或是在炎热的夏季，在猪场内要建有降温防暑的设施，可以为猪提供遮荫乘凉的地方。母猪在产仔时也应在有棚屋做产房，棚屋内的温度要适宜，无风，以保证母猪产仔时的安全性以及仔猪的存活率，产仔棚屋内要有清洁干燥的垫草，以保证母猪及仔猪的舒适。产仔棚屋和断奶仔猪的活动场所应在每个使用周期后进行清洁消毒，用过一次的垫草应全部更换或焚烧，避免交叉感染。需要配带鼻环时，要充分考虑猪场的土壤类型、设施，避免土壤中的石子等对猪造成伤害。

【建议记录】

1. 灭鼠灭蝇记录

2. 垫草更换记录

3. 电围栏训导记录

4. 饲料存放、使用记录

【参考与来源】

EUREPGAP05 版

4.7　机械设备

序号	控制点	符合性要求	等级
4.7.1	所有的设备（包括食槽、饮水器、排气扇、加热器、光照设备、灭火器和报警系统）应保持清洁，进行维护确保正常工作	感官评估。全部适用	2级
4.7.2	应每日检查自动化设备如自动喂料系统和通风系统使之正常工作	不必在每日检查后都作书面记录，但在检查时发现不能正常工作的设备，且该设备不是以前标识的，则不符合。无自动化设备则不适用。	2级
4.7.3	猪舍内，自然通风如果不能保持并满足动物福利要求，应能提供强制的或自动通风系统	用来控制猪舍内环境温度的地方应安装报警器。每个猪舍内若环境温度超过设定值或发生断电，报警系统应能启动。自动保护装置不必是自动化的，可以依靠人工开门等。猪场可以向兽医寻求指导或帮助来了解何处应配备报警器。所有猪舍都是自然通风，则不适用	2级
4.7.4	应每周检查一次报警系统	可检查报警系统书面记录。在检查时通过和员工会谈，对运转状况进行验证。有设备故障则不符合。若无报警系统，则不适用	2级

【解读】

科学合理地规划猪场及配套设施，注重场区环境优化，创造良好的圈舍内、外环境，保持猪舍清洁卫生舒适，通风良好，冬天能保温防寒，夏天能防暑降温，提高场内的空气质量，以利于猪的生长和减少疾病的发生。

猪场的所有设备要定期检查维修，应保持清洁。可以消毒的设备要定期消毒，并要维护所有设备的正常工作，如有出现问题和故障的要及时排除。应每日检查自

动设备，包括食槽、饮水器、排气扇、加热器、光照设备、灭火器及报警系统。不必每日检查后都作书面记录，但机械出现故障或发现不能正常工作时，要做记录。

猪舍内的通风系统要保持良好的工作状态，应每日做检查，如果不是采用自然通风的，或是自然通风不良的猪场，都要有强制或自动的通风系统。用来控制猪舍内环境温度的地方应安装报警器，每个猪舍内若环境温度超过设定值或发生断电时，报警系统应能启动，以便工作人员可以及时发现，采取相应措施。自动保护装置不必是自动化的，可以依靠人工措施。报警系统要每周检查一次，以保证可以正常工作，同时，对出现的报警情况要有记录。评估时可以检查书面记录，或与员工进行交谈了解报警系统的运转状况，有无设备故障等问题，之后做出评估意见。

【建议记录】

1. 设备故障记录

2. 设备使用情况记录

3. 设备检修记录

4. 报警系统工作记录

【参考与来源】

EUREPGAP05 版

4.8　生猪健康

4.8.1　抗生素

序号	控制点	符合性要求	等级
4.8.1.1	不应长期以促进生长为目的使用治疗用抗生素。禁止使用激素类促生长剂	有相关兽医处方，无证据表明使用过治疗用抗生素和激素作为促生长剂	1 级
4.8.1.2	不应使用非治疗用抗生素促生长	有相关兽医处方，无证据表明使用过非治疗用抗生素作为促生长剂	3 级

【解读】

长期使用抗生素容易使病原微生物发生突变并产生耐药性，影响治疗效果；同时有些药物半衰期较长，代谢速度慢，而且在猪体内有累积作用，可造成畜产品质量下降，其中的部分药物对人类健康有不良影响。在使用抗生素时，应选用效果好、药敏高的药物，避免长期使用同一类或具有交叉抗药性的药物，并尽量减少投药次数，在未确定病因前，最好不要滥用抗生素。非治疗用抗生素主要指一些按保健或预防剂量使用的抗生素，长期使用该类药物，容易导致病原体产生耐药性从而影响治疗效果；或在猪体内产生蓄积作用，最终威胁人类生命安全。

【建议记录】

1. 用药记录

2. 兽医处方记录

【参考与来源】

EUREPGAP05 版

4.8.2　治疗圈

序号	控制点	符合性要求	等级
4.8.2.1	应有指定的治疗圈以隔离和治疗伤病猪	现场确认治疗圈，可以是一般的圈舍在需要时变更，全部适用	1级
4.8.2.2	应对治疗圈中的猪只每日至少进行两次检查。对治疗无效的猪只应立即征求兽医的处理意见或实施人道屠宰	感官评估	1级
4.8.2.3	治疗圈应通风良好、结构合理、温暖干燥并为伤病猪提供适宜的躺卧区	感官评估，全部适用	1级
4.8.2.4	治疗圈在重新使用前，应腾空并彻底清扫消毒	应有消毒记录，全部适用	1级

【解读】

猪场选址确定以后，考虑到猪场的整体规划和单体建筑的合理布局，一般将完整猪场的场地规划分为生产区、管理区、隔离区和生活区四个部分。治疗圈是隔离区中的一个重要组成部分。各种伤残病猪均应送到治疗圈进行观察和治疗。

应配备专业工作人员对治疗圈的猪进行观察和治疗，每日要做两次以上的检查；同时对濒临死亡或经过反复治疗依然没有效果的猪，工作人员应立即报告给兽医并征求其处理意见，使其得到及时有效的处理。

建造治疗圈时，要考虑到猪场的地形、地势和风向等自然条件。因此治疗圈的朝向应尽量朝南以增加冬季的太阳辐射，同时要求圈舍通风条件好、排列合理，以便更好地利用治疗圈。在治疗圈内还需为伤残猪提供适宜的躺卧区。

治疗圈在使用完毕后应立即进行打扫、彻底消毒，待其干燥后预备下一次的使用。

【建议记录】

1. 猪场总体布局图

2. 猪场建筑设计图

3. 观察、治疗记录

【参考与来源】

EUREPGAP05 版

4.8.3　兽医健康计划

序号	控制点	符合性要求	等级
4.8.3.1	兽医健康计划应包括动物健康、福利和传染病防治相关内容。还应包括本标准第6部分《畜禽基础控制点与符合性规范》中的相应条款的所有内容和监控畜群的生产性能参数、淘汰或屠宰生猪的数量及原因。当这些指标超出目标水平时，应对其按现有的情况进行重新评估和修改	感官评估兽医健康计划。全部适用	1级
4.8.3.2	兽医健康计划应详细说明对新引入猪只所采取的适宜的检疫措施	适宜的检疫措施取决于现有畜群和引入猪只的健康状况。现场确认兽医书面计划的充分性。全部适用	1级
4.8.3.3	生猪养殖场应有指定兽医专家为其服务，指导每季度的检查并形成书面报告	现场确认最近12个月每季度的兽医书面报告。全部适用	1级
4.8.3.4	咬尾、咬耳、咬侧腹和好斗等行为明显超过正常值时，兽医应制定有效的改进措施并写入兽医健康计划	在饲养的畜群中有超过2%的猪只有恶习则视为异常，如果发现有此类情况，应有兽医编写的书面行动计划和有效实施的证据。全部适用	1级
4.8.3.5	制定并有效实施控制体内和体表寄生虫病的计划	有相应的计划。全部适用	2级
4.8.3.6	所有注射工作均应由技术熟练的员工从猪只的颈部注射。除非经过专业兽医的指导，否则要有专业兽医的参与	员工应具有相应的技能。全部适用	1级
4.8.3.7	应由国家相关权威机构认可的兽医为农场服务	确认证书	3级

【解读】

兽医的主要职责就是将生产单位的经济效益和疾病防治结合起来，实现经济效益最大化。因此，兽医不

仅要进行猪场的总体规划和疾病控制，还要关心猪的营养和饲养管理。集约化猪场的防疫与管理是一项复杂的系统工程，涉及到生产的各个方面。因此，兽医应从各个方面综合考虑，不断建立健全兽医卫生防疫措施和免疫程序。

集约化猪场一般应坚持“自繁自养”的原则。必须从外面引进猪种时，必须详细了解各个方面的情况，特别是猪种来源地的疫病情况及是否发生过疫情，结合本地区的实际，制定严格的检验检疫措施。进行 30 d 隔离观察确认健康后方能并群。

养猪生产要达到效益最大化，除了在品种选择、营养等方面多下功夫外，还需配备防病治病的专业技术骨干，他们应参与生产过程的始终，并对各种防疫程序的落实做好监督，同时每次的检查监督都要做好记录以形成书面文稿。

饲养人员每日做好喂料、清洁工作外，还要仔细观察猪群的表现和活动状况。如果猪只出现异常的咬尾、咬耳、好斗等行为时，要及时报告，兽医应亲临猪舍进行观察，了解症状，诊断病因，同时根据观察结果制定有效的治疗措施。

寄生虫的控制在猪饲养过程中具有重要意义。兽医应制定详细有效的计划来防治和消灭寄生虫：首先要加强猪场的管理，特别是卫生和营养；其次要详细了解猪场中寄生虫的种类、猪圈被污染的程度、目前的畜舍环境是否有利于虫体的存活或数量的增加等各方面的情况，综合各种情况，选择合适的时机和药物进行驱虫。

猪场的免疫及疾病治疗的注射工作应由技术熟练的员工来完成，注射部位为颈部。每次进行注射工作，都需在专业兽医的指导下进行（特别是进行免疫注射），

如果没有专业兽医的指导，就要对员工进行长期有效的训练。

【建议记录】

1. 猪场免疫程序
2. 防疫及其检查监督记录
3. 检验检疫记录
4. 治疗圈检查记录
5. 治疗圈消毒记录
6. 兽医健康检查报告记录
7. 人员培训记录

【参考与来源】

EUREPGAP05 版

4.8.4　人畜共患病的监测

序号	控制点	符合性要求	等级
4.8.4.1	养猪场的兽医健康计划和净化程序中应包含预防和控制沙门氏菌病的内容并能把沙门氏菌病的发生率降到最低限度	有兽医签发的兽医健康计划和净化程序。全部适用	1级

【解读】

沙门氏菌是能引起腹泻、食物中毒等严重威胁生命安全的病原微生物。兽医应制定严格的健康计划和净化程序来降低沙门氏菌病的发生率。从猪场的选址、猪种引进、水源、管理、防疫等各个环节都要有严格的标准，只要落实好这些措施，就能有效降低某些人畜共患病如沙门氏菌病的发生。

【建议记录】

兽医健康计划

【参考与来源】

EUREPGAP05 版

4.8.5　断针

序号	控制点	符合性要求	等级
4.8.5.1	应对有断针的生猪做永久标识。事故发生的时间、被标识的生猪及药物的种类应记录在用药手册中	感官评估。管理者应须知相关标准。全部适用	1级
4.8.5.2	当带有断针的生猪被送往屠宰场时，应在运输途中与合格的生猪分开，被标识并按急宰猪处理。运送这种猪时，应事先通知屠宰场	感官评估。管理者应须知相关标准。全部适用	1级

【解读】

在注射过程中，如果出现断针现象，首先停止注射，并马上对有断针的猪做好永久性标识。饲养员同时应做好相关的记录工作：事件发生的时间、被标识的生猪、药物或疫苗的种类等，并要向兽医报告。

生猪送往屠宰场前，带有断针的生猪应与合格猪分开，并事先通知屠宰场，运到屠宰场后，带断针的猪按急宰猪做及时处理。

【建议记录】

1. 断针猪永久标识

2. 用药记录

【参考与来源】

EUREPGAP05 版

4.9 卫生和害虫控制

序号	控制点	符合性要求	等级
4.9.1	猪场应在以下方面能提供和实施书面的文件： 1)对参观者的规定； 2)虫害的控制； 3)养猪场清洁消毒； 4)死亡动物的处理	当场验证书面文件： 1)按猪只安全的要求制定接待参观者的程序。参观者须更换衣服、鞋并在参观者登记册上登记 2)虫害控制程序应包括养猪场的诱饵布置图，诱饵和记录 3)清洁消毒程序应规定每座建筑物的清洁消毒频率，如果使用清洁剂和消毒剂则要注意正确的浓度和使用频率 4)确定常用处理方法。对于病死的猪进行无害化处理，应详细记录处理的数量、时间和处理的方法。全部适用	1级
4.9.2	当圈舍腾空后，应对其场地、设施设备等进行彻底的清洗和消毒	卫生程序中应体现此内容，在和员工的交谈中对其进行验证。全部适用	1级
4.9.3	参观者应穿防护服并经消毒后方可参观	应有相关记录。全部适用	1级
4.9.4	在生产区附近应有更衣室。室内应装有洗手用具、消毒池及其他必要的清洗消毒设施	感官评估。全部适用	2级
4.9.5	在生产区附近应有更衣室，更衣室应装有淋浴设施	感官评估	3级

【解读】

猪场对参观者应严格控制，并制定具体措施加以落实。参观者的申请应须得到猪场相关领导的批准，并按照猪场生产安全的要求做彻底消毒（从车辆、物品并更换工作服）。参观过程中，应有专门人员陪同，未经许可

不得随意在猪场逗留、闲逛，并要注意保持卫生。

猪场应详细了解本地区的疫病情况，并结合各种病害的流行情况，制定适合本场的防疫程序和虫害控制措施。特别是对流行范围广、影响严重的人畜共患病。猪场应该备有健全的消毒清洗措施用以防止疫病传播，同时，猪场还需配备专门的用来处理死亡动物的场所或专用容器，该场所应远离生产区并位于其下游的位置。

当生猪出栏后，应立即对圈舍、饮水器等设施进行冲洗，彻底消毒 3 遍左右后，再用清水冲洗干净，待其干燥后备用。同时对猪舍和场区的环境要定期进行严格消毒。

外来参观者或非生产人员一般情况下不允许进入生产区。特殊情况下，参观人员需要经过淋浴消毒，更换工作服后并在专人陪同下进入猪场，并要遵守场内的一切防疫制度。

猪场应有完善的消毒场所和措施。进入猪场大门和生产区都要有消毒池，以便对养猪场和相关设施如车辆进行消毒，并要经常更换消毒液。猪场必须建有专门的更衣室和淋浴室。生产人员进出生产区都必须淋浴消毒，更换衣服，工作服应保持清洁，并定期清洗消毒。猪场内应有专门的更衣室和洗手用的设施、器具。

【建议记录】

1. 人、畜共患病监测记录
2. 消毒记录
3. 死亡动物处理记录
4. 虫害控制记录
5. 外来人员参观记录

【参考与来源】

EUREPGAP05 版

4.10　管理

序号	控制点	符合性要求	等级
4.10.1	每日检查，生猪不应有受伤、生病和痛苦的征兆。对哺乳母猪和仔猪的检查频率应更高	员工应须知相关要求，圈舍中没有伤病猪。全部适用	1级
4.10.2	养猪场应在以下方面有相应能力的员工： 1)药物的安全使用 2)猪只管理和治疗 3)猪只福利和健康(包括对疾病、非正常行为和冷热应激的认识) 4)知道何时向何人寻求进一步的帮助	1)使用药物的员工应被授权，员工应须知药物注射程序(肌肉注射：针头的长度根据动物的重量而定)、使用方法、记录程序和休药期的观察所要求的知识 2)员工应须知怎样管理不同大小的猪只：无拖拉猪耳和腿的情况，须知注射/断牙/剪尾时如何固定仔猪 3)员工应掌握：猪常见疾病的知识，如地方性肺炎，猪丹毒；恶习(咬尾、咬耳/侧腹、咬阴部)；热应激(喘气、换毛)，冷应激(抱团，肤色苍白)。全部适用	1级
4.10.3	应有足够的员工，确保实现良好管理，保证猪只福利	在治疗圈中没有无救治希望的猪只 在观察圈中没有伤病猪 设施和建筑维护良好。全部适用	1级
4.10.4	禁用电棍、棍子和水管驱赶猪只	员工须知相关知识。全部适用	1级
4.10.5	除育成公猪、预产母猪和治疗圈的生猪外，生猪应保持在一个稳定的群体中，不得将其隔离出群体	按常规，猪应从较大的群体流向较小的群体。管理者应掌握相关知识。全部适用	1级

【解读】

管理对提高经济效益至关重要。饲养员首先要熟悉猪的正常习性和异常行为，应每日观察猪群健康状况，从猪群运动、休息、摄食饮水和体温检查四个方面做出判断。发现异常行为的猪时，应在近距离处对其外

貌、精神状况、姿势、被毛、体表及运动等情况仔细观察，并要观察猪排出的分泌物、排泄物。由于哺乳母猪提供的母乳是仔猪的主要食物，因此在加强哺乳母猪营养的同时，更要增加检查次数，主要检查其膘情、采食、乳房和乳头的情况。

仔猪具有消化器官不发达、生长迅速对营养需求旺盛、免疫力差、抗病力弱等特点，饲养员从仔猪分娩开始时就必须加强看护，防止仔猪的相互踩压，并要对弱小的仔猪进行特别照顾，在吃初乳、温度保持等方面加强检查。员工必须准确、熟练掌握仔猪注射、断牙、剪尾和保定的技术和操作技能，不应拖拉猪腿和猪耳。养猪场除专业兽医技术骨干外，还必须有其他员工配合来做猪场内复杂的工作。这些员工需具备相关的专业能力和技能:药物的安全使用和配伍禁忌、猪的营养和管理、疾病的诊治等。兽医技术骨干应经常对饲养员进行各种培训以提高他们的专业技能。

猪场应根据生产规模招聘足够的员工以使生产程序能够良好运作。同时要制定合适的劳动定额，即要明确规定每个员工的固定饲养头数，又要有饲养期平均日增重和全期总增重、料肉比、成活率等指标，特别是对种猪的管理，更要制定详细的考核指标。猪场使每个员工“各尽其责”，最终保证每个猪只都得到良好的照顾。

猪场应有明确规定禁止饲养员对猪只使用暴力，包括任何形式的用棍棒、水管等殴打或驱赶生猪，饲养员应多了解猪的生理习性和生物学特点，加强与猪的各种交流，特别是对猪的后天调教、训练和引导。

猪是群居动物，因此具有合群性，但猪只间也有竞争性，表现为一个群内强欺弱、大欺小、同群欺侮陌生的特性。保持猪群的稳定，有利于全群猪只的正常生活。

因此，正常情况下不得随意将群内的猪隔离或驱逐，除非是需要治疗的伤残猪。而育成公猪由于种用培育的需要、产前母猪需转至产仔房，因此它们可以根据要求进行适当处理。

【建议记录】

员工培训记录

【参考与来源】

EUREPGAP05 版

4.11 装载运往屠宰场

序号	控制点	符合性要求	等级
4.11.1	生猪应送往国家的定点屠宰场屠宰，应对送宰的生猪进行检查并记录。严禁将伤病和休药期未结束的生猪送往屠宰场，淘汰种猪应特别标识，并事先通知屠宰场	感官评估。有相关记录，员工须知相关要求。全部适用	1级
4.11.2	运往屠宰场前应禁食 12 h 以上	员工知道相关要求。全部适用	2级
4.11.3	发运或装车前，应禁止使用镇定类药物	育肥场不得有类似药物。在繁育场检查药品采购记录和使用记录，以确认该药只用于种猪。全部适用	1级
4.11.4	装运的斜道坡度应不超过 20°，以免生猪滑倒	测量装运斜道的垂直高度和水平长度，垂直高度和水平长度之比应小于 0.36	3级

【解读】

出栏的生猪应当送往国家规定的定点屠宰场进行屠宰。为提供安全健康的肉制品，饲养员必须对即将出栏屠宰的生猪进行仔细检查，并对检查结果做好记录。猪场严禁将伤病猪和休药期尚未结束的猪出栏，由于各种原因而淘汰的种猪出栏前应做好特别标识，并将具体情况事先通知屠宰场。

在猪运输前减少喂食，可以减少猪在运输过程中的活动性，从而可减少 PSE 肉的产生。研究结果表明：在生猪出栏送往屠宰场前必须禁食 12 h 以上。

在收购、运输过程中，将猪混群易对生猪造成巨大的应激，有可能造成体重下降和撕咬打架，甚至导致猪肉品质的严重下降。如果来自不同群体的猪必须混群时，最好在装载时混群，但切记不能使用各类镇定类药物。育肥猪场不得有该类似药物，繁育猪场应有用于种猪的药品采购记录和使用记录。

在建造装猪平台时，应把猪舍的具体构造与地形结合起来，考虑到生猪的逃离特性，为防止在装运时发生拥挤和滑倒，建议装猪平台的最大斜度为 20°。

【建议记录】

1. 出栏猪检查记录
2. 运输记录
3. 屠宰记录
4. 药物采购、使用记录
5. 猪只休药期记录

【参考与来源】

EUREPGAP05 版

4.12　死亡和濒死生猪

序号	控制点	符合性要求	等级
4.12.1	需要淘汰、处死的可疑病猪，应根据疾病的性质、按《动物防疫法》采取相应的处理措施。死于传染病的猪应按《畜禽病害肉尸及其产品无害化处理规程》(GB 16548)进行处理有治疗价值的病猪应隔离饲养并由兽医进行诊治	处理方法应符合要求，员工应须知相应的知识	1 级

续表

序号	控制点	符合性要求	等级
4.12.2	应记录所有死亡猪只及死亡原因。监控猪只死亡率水平，当超过目标水平时，猪场的兽医应制定相应的行动计划	应有死亡猪只记录。应有证据表明对这些记录进行了定期分析（至少每6个月1次），并将制定出的行动方案纳入到兽医健康计划中	1级
4.12.3	应有受控专用场所或容器储存病死猪只。该场所或容器应易于清洗和消毒。病死猪只远离畜栏	处理方法符合要求，员工须知相关知识。结合本标准第6部分《畜禽基础控制点与符合性规范》中相关条款进行检查	2级

【解读】

在饲养过程中，对猪的淘汰应根据下列标准：对猪出生至7月龄以后毫无发情征兆的母猪；外阴部特别小；连续配种3次以上没有受胎；断奶后（哺乳停止后）2个月没有发情征兆；发情持续期明显延长；哺乳能力差的母猪（咬死仔猪，泌乳量少，不让仔猪吮乳等）；窝产仔数连续2次在5头以下；患有传染病的种猪或子宫炎久治不愈者应淘汰。同时对患传染病（猪瘟、口蹄疫、伪狂犬、链球菌等）死亡的猪只应按照《畜禽病害肉尸及其产品无害化处理规程》进行深埋、销毁等严格处理。尚有治疗价值的病猪应单独隔离，并有专业兽医进行诊断治疗。

猪场应制定严格的规章制度，要求饲养员每日必须认真观察猪群状况（包括采食、饮水、运动及精神状况等），并做好记录。同时对所有死亡猪只的临床症状应详细记载，并及时报告给兽医。兽医同时应综合所有资料，对整个猪场的猪死亡率做好跟踪监控工作，当死亡率超过猪场的目标水平时，兽医必须认真了解疾病的发生发展状况，并采取及时有效的措施。

猪场应建有专门的处置病死猪尸体的场所，或购买专用容器。该场所和容器设备应当定期使用强力消毒药进行清洁消毒，并要把病死猪尸体的场所建造在远离猪场生产区的位置，还需经常检查其安全性。

【建议记录】

1. 死亡猪记录

2. 死亡处理记录

3. 猪群观察记录

【参考与来源】

1. GB 16548 畜禽病害肉尸及其产品无害化处理规程

2. EUREPGAP05 版

4.13 调查

序号	控制点	符合性要求	等级
4.13.1	猪场应与屠宰场沟通，以获得关于胴体问题的反馈意见。必要时应采取相应的措施	养猪场从屠宰场得到的反馈记录。全部适用	2 级

【解读】

养猪生产的主要目的是提供新鲜安全健康的猪肉及其肉制品。猪肉品质日益受到广大消费者的重视，人们越来越重视肉品质的优劣，特别是肉的表观性状，同时，精制、安全、方便、卫生和营养水平高的猪肉制品越来越受欢迎。随着消费观念和消费习惯的变化，人们对猪肉（即肉猪屠宰后去除血液、被毛、内脏、头、蹄后的胴体）品质及加工提出了新的要求。猪场应经常与屠宰场保持联系，以期获得消费者关于猪肉的各种反馈意见，特别是有关猪肉品质方面的意见。收到相关建议后，猪场必须采取包括改引进种猪、加强管理、改善营养等在内的各种措施加以改进。

【建议记录】

屠宰反馈记录

【参考与来源】

EUREPGAP05 版

附录三

由一例母猪拒绝哺乳的“悲剧”所引发的反思

黄大庐①

（大冶市畜牧局，大冶，湖北，435100）

其实，动物和我们人类一样具有心理感受的能力，所不同的是，动物无法用语言来表达想要诉说的事情。但是，它们却可以用肢体语言（行为）来表达其诉求。本文所描述的一头母猪拒绝给仔猪哺乳的真实事例佐证了上述观点，并提醒养猪人，不可忽视猪的心理感受福利，要善待所饲养的动物。

1 惊现一幕

2006年3月19日上午9时许，当笔者按常规巡查猪场的产仔房时，令人惊讶不解的一幕出现了。产仔房饲养员A，当着1头刚产仔3 d的第3胎母猪的头端，在产房走廊将一头弱小仔猪（该母猪所产）摔死在地坪上，这头被摔死的仔猪的“妈妈”立即在限位栏中烦躁不安，不停地用鼻吻端撞击食槽上端的固定钢管，并连续发出声音很大的“哼哼”声。笔者当时并没有意识到该饲养员所作出的这种行为会有什么严重后果，只是对其进行了批评，让他下次不可当着母猪的面做这种事情。

1 h后，这位饲养员急匆匆赶来找到笔者，十分惊讶地说刚才那头母猪拒绝为仔猪哺乳。要么站立不安，要么趴卧时任凭仔猪叫唤也不肯侧卧让仔猪吃奶。

笔者似乎开始意识到了什么，当赶去重新开始观察这头母猪时，只见其仍站立不安，但比1 h前稍微冷静。所不同的是，这头母猪的眼神似乎想向本人诉说些什么，目光呆滞而无奈，眼

①黄大庐：男，（1963—）湖北大冶人，畜牧师，主攻猪的福利饲养与管理。

角泪液欲溢。毕竟是自己的亲生骨肉，眼睁睁地看到被人摔死在面前，其愤怒与悲伤的感受可想而知，拒绝给仔猪哺乳，应该是其对人严重伤害动物行为的强烈不满与发泄。连续 2 d，这头母猪进食很少，很少卧下，换了同栋饲养员 B 进行护理也未奏效。最后不得不将其余下的 9 头仔猪陆续寄养出去（仔猪未吃奶期间用人工仿生猪奶饲喂），让这头母猪提前走下产床，实乃憾惜之事。

2　反思与感悟

目前人们比较公认的动物福利五项基本原则如下：免受饥渴的自由；享受舒适生活环境的自由；免受痛苦伤害与疾病威胁的自由；生活无恐惧与悲伤的自由；表达天性的自由。其中第 4 条涉及动物的心理福利，承认（事实上存在）动物与人一样是具有感知、有痛苦、有感情诉求的。

本头母猪（耳号 1709）是第 3 胎，有前 2 胎产仔护理的经历。母猪对仔猪的情感与爱护在任何动物中都是存在的，这就是常说的“母性”。由于饲养员 A 缺乏对动物也存在情感需求的了解，作出了当着母猪的面摔死其“骨肉”的粗暴举动，导致母猪心理上巨大的伤害。

从这头母猪迅及并坚持作出拒绝为仔猪哺乳的肢体行为（即使更换饲养员也无效）可看出，这种对动物的心理伤害不是暂时的，而是持续的。这种宁可看到自己的后代饿着而不顾，原始的“母性”行为也显得苍白无力的现象，实际上是对人类粗暴虐待动物的报复。

关心猪的福利远不是一句空话，而是实实在在的观念与举措。我们不仅要关注猪的环境、营养、病痛、运输等方面的福利，而且要顾及猪的心理情感方面的福利，要从内心深处全方位地善待动物。澳大利亚动物行为专家保罗·海姆斯伍斯教授在荷兰 12 家农场实地考察 5 年后得出如下结论：如果饲养员善于和母猪进行交流，包括抚摸、按压、声音传递、从不施暴等，那么和喂完料就走人的对照组相比，善于沟通的试验组平均每头母猪每年可多生产 2 头以上的合格断奶仔猪。由此可见，关心动物福利的最大最终受益者是我们人类自己，何乐而不为呢?!

和我们人类最大的差别在于，动物的心理感受无法用言语来表示，但是动物却可以用行为的改变（有时是持续的）来发泄其情绪诉求。只有当人们对待动物也像对待自己的亲人和朋友一样时，人与动物之间才会和谐相处，动物才有可能为人类创造经济、观赏或逗乐解闷的价值，本文所描述的悲剧才不会重演。

参 考 文 献

1 B·E·斯特劳，等. 猪病学. 8 版. 赵德明等译. 北京：中国农业大学出版社，2000

2 中国科学院遗传选种实验馆等编译. 达尔文主义基本原理，1952

3 张永泰，等. "种草养猪，一举多得"[J]. 养猪，2004(1)：55

4 赵书广，等. 中国养猪大成. 北京：中国农业出版社，2001

5 陈清明，等. 现代养猪生产. 北京：中国农业大学出版社，1997

6 甘孟侯，等. 中国猪病学. 北京：中国农业出版社，2005

7 侯大卫(美). 猪场健康管理策略. 施国锋主译. 广州：广东科技出版社，2005

8 第十八届国际猪病会议论文集. 柏林，2004

9 钱学森，等. 论系统工程. 长沙：湖南科技出版社，1982

10 W H close，等. 母猪与公猪的营养. 王若军主译. 北京：中国农业大学出版社，2003

11 顾宪红. 畜禽福利与畜产品品质安全. 北京：中国农业科学技术出版社，2005

12 宣长和，等. 猪病学. 北京：中国农业科学技术出版社，1997

13 刘滨疆，等. 畜禽舍空气电净化防疫系统及其应用. 养猪，2004. 5：40-41

14 芦惟本，等. 也论猪的免疫抑制综合征及其防制策略. 现代化养猪，2005

15 芦惟本，等. 猪的免疫谱. 猪业在线，2005. 4：40-42

16 万熙卿，等. 猪的福利饲养探讨. 中国畜牧兽医报，2005

17 万熙卿，苏泽民，等. 仔猪地坪式水暖控温培育技术的研究与探讨. 养猪，2005

18 高吉喜. 可持续发展理论探索. 北京：中国环境科学出版社，2001

后　　记

“上士闻道，勤而行之；中士闻道，若存若亡；下士闻道，大笑之，不笑不足以为道。故建言有之，明道由昧，进道若退，夷道若颣。”

老子的论述正道出后记的要旨。

不论是上士也罢，中士也罢，下士也罢；也不论遐览小册子后是勤而行之也罢，若存若亡也罢，付之一笑也罢，这大概都是道的道理，反之，则不为其道。

古有善植树者郭橐驼，所植之木“无不活，且硕茂，早实以蕃”。究其由，“能顺木之天以致其性焉尔”。这本小册子，只是一个引子而已，离“顺猪之天以致其性焉尔”还甚远，离“发于自然”的养猪之道还甚远，失误之处在所难免。

作者相信明道还须代人探索，进道不畏人言倒退，坦道却充满坎坷。这大概就是实践道的境界与乐趣。祈愿所有的养猪人都能享受这份境界与乐趣！在丰收的乐趣中得道！